新版

理系のための
レポート・論文
完全ナビ

Writing is considering.　Dr. Minobe presents 150 samples to you.

見延庄士郎・著
Shoshiro Minobe

講談社

ブックデザイン	安田あたる
カバーイラスト	平田利之
本文イラスト	山田好浩

新版の刊行にあたって

　この改訂版では，2008年の初版出版以来の学生指導の経験からいくつかの内容を加え，また変化の早いインターネットで提供される情報の紹介を最新の内容に改めました．特に，ますます増えるインターネット上の解説をどうレポート・卒論に使ってよいかは，いわゆるコピペ問題と関係して学生の皆さんには悩ましいところかもしれません．インターネット上の解説の扱いは分野やレポートの内容によっても違う面がありますけれど，理系の多くのレポートそして卒論で最善と考えている内容を整理し，新しく加えた12章にまとめました．

　この8年間で，本書が読者として想定している大学生・大学院生が経験する文章執筆をめぐる状況は，大きく変わってきました．まず文章を書くことが，携帯メールやソーシャル・ネットワーキング・サービスを利用することで，過去の学生に比べると大きく増えました．おそらくそういった文章を書く能力は，以前に比べて向上しているでしょう．ただし，それらの文章は非常に短いことが多く，いくつもの段落を持つレポートや論文を書くには，本書で説明するトピック・センテンスと段落の関係など，長文を書くテクニックを学び，それを使いこなすことが必要です．一方，高校までの教育では，2008，2009年に公示された学習指導要領には，「言語活動の充実」が重要事項としてあげられており，従来に比べて理系的な文章を書くことも重視されています．特に「国語表現」では，レポートや論文の書き方も扱われています．ただし大学進学志望者は，国語表現を履修できないカリキュラムになっている高校が多いようです．しかし，学校で教えられなくても，本書を活用すればレポートや卒論を比較的すんなりと書くことができるだろうと思います．その経

験を通じて，今日必要とされている「簡潔明快」な文章を執筆する能力を，皆さん自身で大きく伸ばすこともできるでしょう．本書がこれからも，大学生・大学院生のレポート・卒業論文・修士論文の執筆の助けとなり，皆さんの能力向上に役立つことを祈っています．

平成 28 年 1 月

見延　庄士郎

新版　理系のためのレポート・論文完全ナビ
CONTENTS

新版の刊行にあたって　iii
はじめに　xi

第一部　実験レポート・卒業論文の内容

第1章　実験レポートの構成と内容

1.1　学生実験の二つの種類　2
1.2　だれがレポートを読むのか？　2
1.3　実験レポートの節構成　3
1.4　要旨の内容　4
1.5　「はじめに（目的）」の内容　5
1.6　「実験原理」　6
1.7　「実験方法」は正確に　6
1.8　「結果」〜何が得られたのかを伝えよう　7
1.9　「考察」〜しっかり考えよう　9
1.10　「感想」と「考察」の違い　10
1.11　参考文献について　10

第2章　卒業論文の構成と内容

2.1　卒業論文とは　12
2.2　卒業論文の節構成　12
2.3　題目〜論文の顔　13
2.4　要旨の内容〜読者を引きつけよう　15
2.5　「はじめに」の内容　16
2.6　「方法」〜再現できるように　20

2.7 「結果」〜正確かつ客観的に　21
2.8 「考察」〜発展性を示そう　24
2.9 引用文献の書き方　25
2.10 レヴュー型卒業論文への注意　27

第 3 章　ちょっと細かいけど必要な形式

3.1 体裁　30
3.2 省略形　30
3.3 単位　31
3.4 その他　35

◆ column　ブラインド・タッチのすすめ　36

第 4 章　図表〜理系論文の核

4.1 どういう図表を作成するのか　37
4.2 図か表か　38
4.3 表のつくり方　39
4.4 図の基本は線グラフと等高線グラフ　40
4.5 図の種類の使い分けと情報の重ね合わせ　42
4.6 装置図・フローチャート・模式図　45
4.7 図を仕上げる　48
4.8 図表の説明文の書き方　50
4.9 図の割付　51
4.10 図表は自分でつくろう　52
4.11 実験レポートの例　53

第二部　実験レポート・卒業論文の文章　〜ぱっとわかる文章を〜

第 5 章　わかりやすい文章とは

5.1 読んでわかるとはパズルのピースをはめること　60
5.2 上手に予測させる　61
5.3 近くのピースを渡す　62

5.4 個々のピース（文）を明快に　63
5.5 解き手（読み手）のやる気を引き出す　63

第 6 章　トピック・センテンスで予想させる

6.1 ☆段落の最初はトピック・センテンス　64
6.2 実験レポートの「はじめに」のトピック・センテンス　66
6.3 卒業論文の「はじめに」のトピック・センテンス　68
6.4 「研究方法」のトピック・センテンス　70
6.5 「結果」のトピック・センテンス　71
6.6 「考察」のトピック・センテンス　72

第 7 章　並列性で予想させる

7.1 並列性をまもろう　74
7.2 節の並列性　75
7.3 文の並列性　76
7.4 語句の並列性　78

第 8 章　スムーズな配置

8.1 ☆関連する情報を一つの段落に　80
8.2 ☆道しるべの語　80
8.3 ☆関連情報は近づける～既出は前へ　82
8.4 飛躍のないつながる論理　84
8.5 指示語・指示代名詞　85

第 9 章　個々の文を明快にするには

9.1 ☆はじめての情報は 1 文中に一つ　88
9.2 ☆主語と述語を忘れずに　90
9.3 ☆私・我々を省けるとき，省けないとき　91
9.4 ☆かたく客観的な文体と用語　92
9.5 漢字を適度に使う　94
9.6 狭い語を使う　96
9.7 逆接以外の接続助詞「が，」を避ける　97
9.8 読点で構造を明確に　98

9.9　カッコは補足に　99

第 10 章　力強くいこう

10.1　☆重要なものを先に（top heavy）　101
10.2　☆ポジティブに押そう　102
10.3　☆謙譲は卑怯なり　103
10.4　☆具体的に　104
10.5　二重否定は使わない　105
10.6　簡潔に　107
10.7　能動態で　108

第 11 章　こういうのはやめよう

11.1　不要な修飾語句による誤った予想　110
11.2　あいまいな「られる」　110
11.3　主語述語がちぐはぐ　111
11.4　比較対象の不一致　113

第三部　実験レポート・卒業論文の作成準備

第 12 章　インターネット情報の利用

12.1　コピペ問題について　116
12.2　レポートではこう使おう　118
12.3　卒論ではこう使おう　118

第 13 章　インターネットで用語検索

13.1　無料辞書・辞典　120
13.2　フリー百科事典ウィキペディア　120
13.3　Google で調べる　122

第 14 章　インターネットで論文情報検索
（Web of Science, Scopus, Google Scholar）

14.1　文献引用データベース　125
14.2　検索の対象　127
14.3　Web of Science であるテーマについて調べる　128
14.4　Web of Science である著者の論文を調べる　134
◆ column　同姓同イニシャル各国事情　137
14.5　Scopus で調べる　138
14.6　Google Scholar で調べる　141

第四部　実験レポート・卒業論文の執筆

第 15 章　論点メモをつくろう

15.1　目次と図表の順序　146
15.2　からまったらほどこう　146
15.3　論点メモの作成　147
15.4　一直線のストーリーを目指そう　148
15.5　紙に手書きのアイディア整理　149

第 16 章　Write! ～書くことは考えること

16.1　第 1 稿は一気に書こう　150
16.2　書きながら直す　151
16.3　図・表の説明の 3 段階をモレなく書く　151

第 17 章　チェック～書くことは直すこと

17.1　流れをチェック　153
17.2　自己チェック　154
17.3　他者チェック　155
17.4　徹底自己チェック　157

第 18 章　チェック・リスト

18.1　形式と内容のチェック・リスト　158
18.2　文章のチェック・リスト　160
18.3　図表のチェック・リスト　161

あとがき　163
参考文献　164
索引　166

はじめに

レポート・論文にようこそ

「彼らの言葉が互いに通じないようにしよう」

　これは旧約聖書・創世記に述べられている，神の言葉です．人間は，一つの言語によって非常に効果的に意思を通わせ，バベルの塔を建設していました．その行動に不可能はないとさえ，神は恐れました．そこで神は人間の言語を分裂させ，効果的な意思の疎通とそれに基づく協調した行動を不可能にしたのです．つまり神は，

人間の言葉が効果的に通じるなら不可能はない．

と考えたわけです．実際に人間は古代の昔から，万里の長城やエジプトのピラミッドの建造といった，不可能と思われるような難事業を可能にしてきました．そこでは，言葉を非常に効果的に利用することによって，円滑な情報の交換と高度な意思の疎通がなされていました．言語が同じなら通じる，というわけではありません．もしそうであれば，大学生の書いたレポート・卒論は，教員によってやすやすと理解されるはずですが，そうはいかないのでお互いに苦労するわけです．

　高校ではまず出合うことがなくて，大学生が避けて通れないのがレポート・論文です．「... 実験のレポート」「... について説明するレポート」など，いろいろなレポートを提出しなくてはなりません．おまけに，大多数の大学生は比較的短いレポートだけではすまずに，「卒業論文」なんていうのも書かなくてはなりません．

理系のレポート・卒論は，小学校からやってきた作文とは違います．まずありがたいことに，レポート・卒論では，節の構成およびそこで何を書くかはだいたい決まっています．どういった節構成で書くのか，またそれぞれの節でどういう内容を書くのか，をわかっていれば，自由に書くよりもずっと書きやすい．つまりレポート・卒論には一定の「型」があるので，これにしたがうと楽なのです．

　また，理系のレポート・卒論の文章には，はっきりとした目的があります．それは，事実とそれに立脚する主張を，「簡潔明快」に伝えることです．

　こういった「簡潔明快」を旨とする文章は，「理系の文章」や「テクニカル・ライティング」とよばれます．テクニカル・ライティングとは，主として科学技術的な内容を，論理的かつわかりやすい文章に書く技術のことです．テクニカル・ライティングといえば難しそうですが，技術的な内容は，たとえば「ジンギスカンの作り方」でもいいし，「サッカーとはどういうスポーツか」でもいい．こういうと「簡単じゃん！」と思うかもしれません．でも，ジンギスカンやサッカーを見たことのない人に，文章だけで説明しようとすると，書く技術がなければ案外難しいのです．

　文章を大きく二つに分ければ，理系の文章と，随筆や小説の文章になります．テクニカル・ライティングで志向する文章と，随筆や小説の文章とでは，求めるものが違うために，文章の書き方も大きく違います．随筆や小説に求めるのは，楽しみや気分転換です．

　一方，皆さんが将来仕事に就いて書く文章や研究で使う文章に求めるのは，正確な情報を効果的に得ることです．小説が簡潔明快に書いてあったら，かえって楽しくありません．推理小説では，ドンデン返しが魅力になっているものも多いでしょう．しかし，理系の文章では逆に，なるべく後の展開を予測しやすい文章こそが，わかりやすくよい文章になります．

簡潔明快な文章は一生の友

　実験レポートや論文とは，皆さんの多くは大学生活だけのつき合いですみます．しかし，レポート・論文を書くことで皆さんが習得できる，「簡

潔明快」な文章を書く能力は，ざっと40年間の職業人生を通じて使い続けます．この能力こそ，実験やレポートで習得するとされている，精密な測定を行う能力や，実験原理の正確な理解よりも，はるかに役に立つのです．

　書店のビジネスコーナーに行くと「ビジネス文書の書き方」の本がたくさん並んでいます．いかにかつての大学生（＝明日の皆さん）が，文章書きに困っているかがよくわかります．実は理系の文章と，仕事で使う文章（ビジネス文ともいう）とは，非常によく似ています．簡潔明快に内容を伝えることが，どちらの文章でも眼目となっているのです．

　しかも，簡潔明快な文章を書く重要性はどんどん増しています．なぜなら，仕事で交換される文章量と，それが届く範囲が飛躍的に増え，その結果，文章でのやり取りの重要性が爆発的に増加したからです．皆さんが仕事につけば，おそらく10年・20年前とは比較にならないほど大量の文書を読み書きすることになります．

　ここで望まれるのが簡潔明快な文章です．つまりスラスラ読めて，何をいっているのかがスッキリわかる，そういった文章がよい文章なのです．受け手が中身を楽にしっかり理解できるメールを送る人なら，広い範囲の人とスムーズに仕事ができます．何をいいたいのかわからないメールを送る人だと，メールの真意を確認するのに時間と手間がかかって迷惑千万なので，大事な仕事は任せてもらえません．文章力は，電話とファックスの時代よりも，情報爆発時代ともいわれる今日でははるかに重要になったのです．

　ということは，学生時代にレポート・論文を書けるようになれば，単に単位が取れるだけでなく，将来の文章書きも楽に速く上手にできるようになるということです．一粒で二度おいしいとはこのことです．ありがたいことに，簡潔明快な文章は，押さえるべきポイントを押さえさえすれば，誰でも書けるようになります．ただし，それには意識的にポイントを学び身につけることが必要です．

　実は，今ではこのレポート・論文書きの本を書いている私も，ポイントがわかっていなかった紅顔のなんとやらの頃は，ろくな文章が書けませんでした．私も学生時代には，実験レポートや卒業論文をなんとなく書いていました．しかし学術雑誌に論文というものを書くとなると，どうもうまくいかない．なんとか一通り書いてもどうもよくないし，直し

ても十分よいと思えません．多少書き方が下手でも単位や卒業が認められる実験レポートや卒論とは逆に，学術論文は十分によくないと，掲載拒否という憂き目にあって1年なり2年なりの苦労が無に帰してしまいます．つまり，よい文章を書くことが必要になってはじめて，簡潔明快な文章をどう書くのかがわかっていない，という現実が立ちはだかったのです．

幸い，論文の書き方の本から「これは」というポイントを少しずつつかみ，それを実際の文章書きを通じて身につけることで，だんだんと論文が書けるようになってきました．また，論文が書けるようになると，それと文章の仕組みがたいして変わらない仕事で使う文章も，だいぶ楽に書けるようになりました．ポイントを押さえて経験を積めば，スポーツや料理がうまくなるのと同じように，文章も上達するのです．

文章書きの経験を積むという点で，実験レポートや卒業論文を書くことはとてもいい機会です．この機会を通じて自分の文章力を磨きましょう．ただし，やみくもに書いてもそれほど上達しません．やはりまず，押さえるべきポイントを把握することが必要です．

そこで，この本では理系の大学生がレポートと論文を執筆するうえで必要となる事項と，簡潔明快な文章を書く要点を示すことができるように構成しました．これらのポイントを押さえたうえで実際に文章を書いていけば，だんだんと簡潔明快な文章書きが身についていくはずです．そしていったん書けるようになれば，体が自転車の乗り方をおぼえるように，書き方もおぼえて忘れないようになります．つまり，一生の財産になるのです．

それほど重要な能力なら，小学校から大学でなぜ教えないのか，と思うかもしれません．本当はそうするべきなのです．テクニカル・ライティングの「いろは」は，小学校から高校で徐々に教育してほしい．この段階では，テクニカル・ライティングの基礎の基礎となるアイディア，つまり人に伝えるために簡潔明快な文章を目指そうとか，後ででてくるトピック・センテンスとかを学びます．大学では初年時に，全員がテクニカル・ライティングの理論を学びます．その前提で，実験レポートや卒業論文を書いて添削を受ければ，相当な文章力が身につくことでしょう．

しかし小学校から高校での，理系の文章を志向した教育は徐々に取り入れられているものの，そのペースと広がりはゆっくりしたものです．

米国ではテクニカル・ライティング的な文章指導は幅広く行われており，たとえば第6章で説明するトピック・センテンスの考え方は，小学校でも指導されているようです．やがてはそうなればと思います．ただし，時間はかかりそうです．まず教える側の小学校から高校の教員がテクニカル・ライティングを身につけていなければうまく教えられないでしょう．そのため，政府が決定すれば現場ですぐ実現できるというほど簡単ではないのです．

したがって「簡潔明快」な文章力を身につけるには，書籍でそういった文章を書くのに必要なポイントを仕込んでおいて，それを意識して実地に文章を書くのが最も効果的です．そのうえで，教員の添削を利用すれば，さらに自分のレベルも上げられるでしょう．ただし，添削を利用して，80点90点の文章を書けるようになるには，最初に60点なり70点の文章を提出しなければ難しい．最初が10点のレポートは，改善しても20～30点くらいにしかならないので，よい文章には仕上がらないのです．論文書きを飯の種にしている大学教員は，我流とはいえテクニカル・ライティングを身につけていますが，その能力を皆さんが十分利用するには，皆さん自身でテクニカル・ライティングの「いろは」を押さえておく必要があるのです．

理系の大学生・大学院生のために

論文やレポート書きの本はいろいろ出ています．皆さんもどれがいいか悩むところでしょう．選ぶうえで大事な点の一つは，その本が自分に合っているかどうかです．この本では，テクニカル・ライティングをあまり学んだことのない理系の大学生を読者と想定して，大学4年間のレポート・卒論，さらに大学院でも役立つ内容を盛り込んでいます．

簡潔明快な文章を書くポイントという点では，理系も文系も，大学1年生の実験レポートも研究者が書く論文もビジネス文書も，特に違うわけではありません．しかし，書く文章の中身は違います．つまり，どのようにして（how）簡潔明快に書くかは共通でも，何を（what）書くかは書く対象によって違うのです．後者の点では自分が書く対象に合った情報を得ておけば，当然それだけ楽に書けるのです．

理系を強調するのは，理系と文系とでは，レポートや卒論の書き方や

その前の材料の選び方がかなり違うからです．これは理系と文系の研究のあり方が違うことからきています．一般に理系の研究では，自分自身で実験などを行って得られる「新しい事実」が論文の骨子になります．これに対応して，理系の実験レポートや卒業論文でも，自分が得た事実の記述が中心に据えられます．一方，文系の研究では，新しい事実を自分で得ることは必ずしも前提ではなく，「新しい主張」を展開することに重きが置かれるようです．

　したがって，レポート・論文のあちこちが理系と文系とでは異なってきます．たとえば，レポート・論文の節構成も，理系では「新しい事実」を提案するのに適した構成が標準として確立しています．もちろん理系と文系の論文作法のどちらがすぐれているということはありません．とはいえ，理系の学生はやはり理系用のレポート・論文執筆の流儀を学ぶ方がやりやすいに違いありません．

　レポート・論文に使う材料も，理系と文系では違いがあります．理系の実験レポートや論文は，事実を示すために図を多用します．一方，文系の論文ではまったく図がない論文もあります．文系の教授が「図のない論文など論文ではないと，理系の先生にいわれた」と憤慨されていたことがありました．それくらいの違いがあるのです．理系では図をうまく使いこなすことが必要で，そのためにはどういう図の種類があって，目的に応じてどの図を使うべきなのかを基礎知識としてわかっていなくてはなりません．

　また，想定読者が大学生であることに対応して，まだ実験レポートを書いた経験のない大学生に役立つように本書は構成されています．論文の書き方の本では，研究者が主要なターゲットであることも多々あります．そういう本では，一流の学術雑誌に投稿する論文を書くことが目的とされていて，はじめてレポートを書くというニーズには合いません．つまり本書はレポート・文章書き初心者の，よきナビゲーターとなることを意図しているのです．もっとも，一流雑誌に書く際に，どう明瞭に論旨を展開すればいいかを悩んでいる人にも，本書はやはり助けになることでしょう．

　このように本書では，理系大学生のニーズに合致した情報を提供し，また一般に通用する簡潔明快な文章の書き方を解説しています．簡潔明快な文章の必要性に気がついた人，あるいはとにかくレポートをどう書

いたらいいかに悩んでいる人は，本書を活用してレポート・論文を書いてみてほしいと思います．そのようにして，大学生の早い段階からテクニカル・ライティングを身につけていけば，大学生活を通じて皆さんの文章書きの能力は格段に向上することでしょう．

第一部

実験レポート・卒業論文の内容

　理系のレポートや卒業論文の構成はほとんど決まっている．そこでこの第一部では，実験レポートと卒業論文のそれぞれについて，何を書くのかという中身を説明しよう．また，実験レポートでは，その実験の自由度によって中身が変わる．そこで，技能の修得を主な目的とする実験と，探求の能力を高めることを目的とする実験とに大別し，それぞれの特徴についても述べていこう．そして最後にレポートの例をのせたので，参考にしてほしい．

第1章 実験レポートの構成と内容

1.1 学生実験の二つの種類

　大学で行う学生実験には二つの種類がある．一つは，おおむね低学年で行う，何を行うのかが明確に決まっており，かつ1課題の実験時間が2・3校時と短いものだ．この種の実験を行う主な目的は，実験の技術を身につけることと，また場合によっては，授業で提示される関連する知識をよりしっかりと理解することにある．この種の実験を，以下では**技能習得実験**とよぼう．

　もう一つの種類の実験は，主として高学年で行う，より応用的な実験だ．この種の実験では，問題設定を学生自身が行う場合もあるし，そうでなくてもどういう実験を行うかにある程度の自由度があることが一般的だ．実験の期間も1カ月から1学期と長くなる．実験を行う目的は，実験の原理と技術の修得に加えて，問題設定と解決の過程を学ばせることに重点がある．この種の実験を**未知探究実験**とよぼう．もちろん，技能習得実験と未知探究実験の中間に位置する実験もある．

　技能習得実験か未知探究実験かで，レポートに書く内容は違ってくる．技能習得実験の実験レポートには，学生自身の主張が入るのは，ほぼ「考察」の節にかぎられるだろう．一方，未知探究実験では，自分の主張を読者に納得させるように，レポート全体を構成することが重要になる．

1.2 だれがレポートを読むのか？

　人を見て法を説けというのと同様に，一般に文章を書くには，読者がもっている知識に合わせて書く必要がある．すでに知っている情報を新しい情報であるかのように書かれても，読者は退屈する．逆に知らない情報を知っているとの前提で書けば，難解になる．そこで，想定する読者が何を知っており，何を知らないのかを推測しなくてはならない．そ

して新しい情報と既知の情報を，それぞれに応じたスタイルで書くことが大事である．

ただし，学生実験レポートでは想定読者は実際の読者とは違う．実際にレポートを読むのは，実験を担当する教員だ．担当教員は実験の詳細を知っているので，特に内容がしっかり決まっている技能習得実験では，目的や実験原理，測定方法について新しい情報はないということになる．もし実験担当教員を想定読者とするなら，「実験原理については教科書のXXページを参照のこと」で済ませてもよさそうだ．

しかし，実験レポートの執筆は，理系文章や研究論文を書くための訓練という意味がある．この観点では，目的や実験原理，測定方法についても，それらの内容について知識のない読者が理解できるように書くことが大切だ．したがって読者には，たとえばその実験について読んだり聞いたりする前のクラスメートを想定して，そのクラスメートにとってよくわかるように書けばよいのだ．

1.3 実験レポートの節構成

実験レポートの構成は，以下のような章または節の並びが一般的だ．[※1]

「授業名，実験課題名，所属学科名，氏名，学生番号，提出年月日」
（表紙ページとして独立させることもある）
　要旨
　1. はじめに（または「目的」）
　2. 実験方法
　3. 結果
　4. 考察 or 考察と結論
　参考文献リスト

[※1] 1冊の本の場合，文章の集まりは，章，節，小節という区分が一般的である．通常一番上位の区分が章になる．ただし，その上に部（第一部，第二部など）を使う場合もある．一方，科学技術論文の場合は，複数の論文が一つの冊子にまとめられるので，個々の論文の一番上位の区分は章ではなく節になる．実験レポートや卒論では，最上位の区分は章を使っても，節を使ってもよい．この本では節に統一しておく．

（感想）

※ 必ずページ数を入れる．

※ 「はじめに」の次に「実験原理」を入れる場合もある

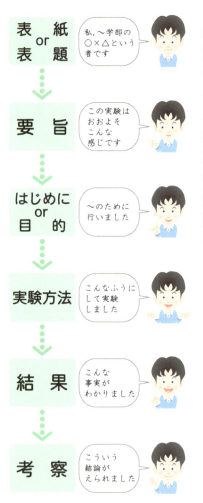

これらの節のうち「はじめに」（目的の提示を含む），「結果」「考察」「結論」は，科学技術論文でも使われる．つまり，レポートを書くことは論文を書くトレーニングにもなっている．科学技術論文には見られない「原理」は教育的な意味でおかれ，また「感想」は教員が学生の考えをつかむためにある．なお，「目的」～「結論」には，節の番号をつけ，「要旨」「参考文献リスト」「感想」には番号をつけない．

1.4 要旨の内容

要旨には，何を行って，どういう結果が得られたのかの概要を記す．

さらに必要であれば，実験の目的，考察（結果の解釈や意義の説明）を短く書く．

要旨は，本文を読まずに理解できるように書かなくてはならない．レポートや論文の全体を皆さんが文章を展開する「宇宙」であるとすれば，要旨は小宇宙であり，それ自身で理解できる程度に完結している必要がある．

また要旨の記述はなるべく具体的にしよう．たとえば要旨に「有意義な結果が得られた」とだけあっても不十分で，具体的にどういう有意義な結果であったのかを書こう．

次に要旨の例を示そう．上つきの数字（①〜④）は要旨で述べる内容で，以下のとおりである．

①実験の目的　　　　必要な場合
②行った内容　　　　必須
③得られた結果　　　必須
④結果の解釈や意義　必要な場合のみ．1文程度．

> 例　①夜間の気温低下に何が寄与するかを調べるために，②気温・湿度・風速の観測を2002年11月から12月にかけて行った．③気温と天候との関係では，放射冷却に期待されるとおり，晴天時に温度低下が大きく，曇天時に温度低下が小さかった．また，平均風速が弱い場合に，温度低下が顕著であった．④この関係が生じるのは，風が強いと，上空の比較的暖かい大気と地表付近の大気とがかき混ぜられるために，温度低下が小さいためであろう．

1.5　「はじめに（目的）」の内容

この節で書くのは，主に「背景」「目的」「内容のあらまし」である．短いレポートでは，背景を飛ばして，目的をいきなり書くのでもよい．

はじめに or 目的　〜のために行いました

ただし，皆さんが自分で実験テーマと内容を決めたのであれば，背景を省略することはできない．この場合，背景においてそのテーマや実験

を選んだ理由を述べて，そう選んだことに読者（教員）を納得させる必要がある．

あるテーマを選んだ理由を述べるには，そのテーマの重要性からはじめるのがよいだろう．この際，非常に基本的な事項について実験を行うなら，それがいかに基本的かを説明することで重要性を主張できる．それ以外に重要性を説明する方法で代表的なのは，そのテーマが他のなにかに影響することを示すことである．たとえば，天気が重要なのは社会生活に影響を与えるからだと主張できる．テーマの重要性の説明は，後述のとおり卒業論文の「はじめに」で書くべき内容でもある(2.5節参照)．「はじめに」で書く内容の中で最も大事なのは，**その実験では何を目的とするのか**である．たとえば，何を明らかにするのか，どういう疑問に答えるか，などをはっきりさせる．

さらにその目的のために，何を測定するのかなどの実験の概要を短く述べるのもよい方法だ．ここで述べておくのは，読者にある程度イメージをもたせて，後の文章を理解しやすくするためである．つまり，テレビの予告編のようなものだ．なお，この実験の概要の記述では，実験で実行する内容が，すでに述べた目的と整合的であることを読者がストンと納得できなくてはならない．

1.6 「実験原理」

この節は，主として技能習得実験のレポートに登場する．この節を学生に書いてもらう主な目的は，実験の原理をその学生が理解し，その理解を教員が確認することである．そのため，教科書などの丸写しではなく，自分が理解した内容を，他人にわかるように書くことが求められる．多くの場合は，教科書や参考書の内容を上手に要約するとよいだろう．

この節は，この前で目的を述べる「はじめに」と，この後で測定内容を詳しく述べる「実験方法」とをつなぐ働きがある．そこで，測定することで何が明らかになるのかを「実験原理」に書くとよい．

1.7 「実験方法」は正確に

この節のタイトルは，学生実験の場合は「実験方法」でよいだろう．

ただし内容によって必ずしも実験といえない場合には，別なタイトルにしよう．観測が主であるならば「観測」でいいし，データ解析であれば「データと解析手法」，数値計算なら「数値計算モデル」，などが考えられる．

この節では，「はじめに」で設定した問題を解決するために用いた方法を述べる．記述の詳しさの目安は，**読者が実験を再現できる程度**である．その読者は，実験一般の知識はあってもこの特定の実験の知識はなく，実験教科書ももっていないものと考えよう．

特にある操作を行うのに複数の方法があるのなら，どの特定の方法を取ったのかは必ず述べなくてはならない．料理を例にとると，「沸騰したお湯に入れて5分間加熱する」という表現は，単に「5分間加熱する」という表現では置き換えられない．加熱には，焼く・煮る・蒸す・電子レンジで加熱するなど，複数の方法があるからだ．

わかりやすく伝えるうえで，実験装置の図を描くのはよい方法だ．この図は**手描きで十分**である．最近では学生がコンピューターの作図ソフトを利用できるように教育環境が整えられていることも多いのだけれど，手描きよりも作図ソフトで描画する方が時間がかかるので，手描きをすすめる．

1.8 「結果」〜何が得られたのかを伝えよう

「結果」は，自分の結論を支える材料を示す部分であり，未知探求実験のレポートや論文では最も重要な節である．

「結果」では，2節で説明した方法で得られる事実と，必要に応じてそれがどう「はじめに」で提起した問題に答えるかの論理を説明する．ただし，「結果」ではなるべく事実の記述というスタイルをまもりたい．

そこで重要になるのは，**事実の記述というスタイルをまもって，その事実がもつ意味を伝えることである**．

たとえば放射冷却が夜間の気温の変化に影響するかどうかを明らかに

する観測で，期待されたとおり晴天時に温度低下が大きいことを見出したとしよう．これは，放射冷却が実際に効いていると思わせる結果である．だからといって，

> ✗ 夜間の気温は，晴天時に大きく低下した．したがって，放射冷却が気温変化に大きな役割を果たしていると，私は考える．

と書いてしまっては，可能なかぎり客観的であるべき，「結果」の記述としてはよくない．たとえば次のように書けば，事実から離れずに書いていることになる．

> ◯ 夜間の気温は，晴天時に大きく低下した．この結果は，放射冷却の特徴と，よく一致している．

この場合，放射冷却の特徴として，地上からの熱の放射をさえぎるものがない晴天時に冷却が大きいことを，あらかじめ「はじめに」で述べておく．上の文には，推測や判断は入っていない．このように，**事実を述べるだけでも，その事実がもつ意味を伝えることが可能**である．

逆に，事実の記述というスタイルで書けることを，判断が含まれるかのように書くことは避けよう．たとえば，

> ✗ 図1を見ると，7月1日の最高気温が 35.0℃ であることがわかる．

の「わかる」は明確な事実ではないかのように響く．すっきりと，

> ◯ 図1は，7月1日の最高気温が 35.0℃ であることを示している．

または，

> ◯ 7月1日の最高気温は 35.0℃ である（図1）．

と書く方がよい．「図 X を見ると，．．．がわかる．」というのは，学生が

つい使ってしまう表現だが，使わないようにしたい．

　なお，一連の結果を紹介するのに，事実の記述だけでなく，解釈や意味づけが必要になることがある．これは必要に応じて行おう．ただし，解釈や意味づけは短くすませる．また，短いレポートの場合は，解釈や意味づけを全く「結果」に書かずに，「考察」にのみ書く方がすっきりする場合もある．

「結果」の記述の中心となるのは図や表である．図にはその下に1段落の図の説明文をつけ，表には表の上にやはり1段落の表の説明文をつける．図表はそれ自身とその説明文で，何がどう図表に示されているのかを理解できなくてはならない．

　一方，本文では，図表に示されている**特徴**を述べ，さらに必要があればそれが何を意味しているのかを述べる．「図1は... の図である．」だけでは本文の説明として不十分だ．たまに学生実験レポートで，「結果」では計算で得られた表や図を出すだけで説明せず，「考察」で説明を行う例が見られるが，これはもちろんだめである．**図が示している事実は「結果」の節で述べなくてはならない**．

1.9 「考察」〜しっかり考えよう

　技能習得実験については，多くの教員がこの「考察」の部分を最も重視するだろう．技能習得実験では，

きちんと実験内容を理解して正しく実験を行ったのであれば，この節以外は似通ったものになりがちだけれども，考察には個々の学生の考えの広さと深さがよく表れるからだ．

「考察」の内容は，おおよそ次のいずれかになるだろう．

- **全体の目的をふまえた結果の要約（考察の最初に行う）**
- **結果が予測と異なっている場合に，その理由の分析**
- **結果から推測・予想される事項の説明**
- **実験の問題点の議論および実験方法の改善の提案**

　なお，「考察」は次で述べる「感想」ではないので，両者ははっきり

区別しよう．

考察の最後，つまりレポート本文の最後には結論を述べることが望ましい．結論の記述が長くなるならば，結論という節を別途設けるとよい．結論は，「はじめに」で提起した目的に対応することが必要である．

1.10 「感想」と「考察」の違い

レポートでは，「感想」を述べることも有益だ．たとえば「この実験の○○の作業はとても難しかった．」「実験にかかる時間が長すぎる」「必要な情報が与えられていない」などの感想を書いてもらえるだけでも，実験を改善するうえで有用であり，教員としてありがたい．一方，もしある作業の具体的な改善方法を提案するというのであれば，それは立派な「考察」になるだろう．

1.11 参考文献について

実験レポートでは，どういう書籍や論文で勉強したかを示すために，最後に**参考文献**という形で，文献の一覧を示すことが多い．参考文献を本文で引用することは通常必要ではない．引用するにしても参考文献のごく一部のみとすることが一般的である．もし一覧にあげる文献すべての引用が求められる場合は，本書ではそれらの文献を**引用文献**として，必ずしも引用する必要がない参考文献と区別している．引用文献については 2.9 節を参照してほしい．

参考文献として本文中で述べる場合には，著作物の題名を文章の中になじませて，たとえば，

「理科系の作文技術」（木下　是雄著）に書かれている内容は，四半世紀を経過しても色褪せることはない．

などとすることが多い．

一方，著者名と出版年だけを本文で引用するように指定されている場合もあるだろう．この方法は文献の引用方法として一般的であり，詳しくは 2.9 節で説明する．

参考文献リストにあげるのは主に書籍と学術論文である．書籍の場合は，**著者，出版年，著作名，出版社，ページ数**を示す．

> **例** 木下　是雄，1981：理科系の作文技術，中央公論社，p. 224.

学術論文の場合は，**著者，出版年，論文題名，雑誌名，巻，最初と最後のページ**を示す．

　また最近は，デジタル情報を恒久的かつ一意に特定できる，デジタル識別子（Digital Object Identifier, DOI）も，学術論文の情報に加えることが増えている．インターネット上の情報は通常は URL で特定されるが，URL はサーバー変更などで変わることがある．そのような場合でも DOI は不変であり，論文に付されている DOI から確実にその論文を見つけることができる．

> **例** 見延　庄士郎，2003：長期変動とレジーム・シフト，月刊海洋，35，87-94.

> **例** Minobe. S., A. Kuwano-Yoshida, N. Komori, S.-P. Xie, and R. J. Small, 2008: Influence of the Gulf Stream on the troposphere, *Nature*, 452, 206-209, doi:10.1038/nature06690.

日本語で書かれた論文は日本語で，英語で書かれた論文は英語でリストに書く．日本語では姓名をすべて書き，英語では姓とイニシャルで書くことが一般的である．リストには，著者は基本的に全員を書くが，あまりに多い場合は一定数の著者の名前を示した後に日本語の文献は「〜ら」，英語の文献は「et al.」をつけて省略することができる．

　出版年は上の例のように著者の次にくる場合と，最後にくる場合がある．指導教員の指示があればそれにしたがい，指示がなければどちらの方法でもよい．ただし一つのレポートの中では統一しよう．

第2章 卒業論文の構成と内容

2.1 卒業論文とは

卒業研究では多くの場合，自分自身で手を動かして，実験や解析，計算を行う．この際，小なりとはいえ未知の事項を明らかにするという本来の意味での研究を行う場合と，科学としては既知の事項を再現する演習的な内容を行うという2通りがある．どちらの場合でも自分が行った実験を中心にして述べるので，卒業論文の書き方はある程度似通ったものとなる．このような特徴をもつ卒業論文を実行型卒業論文と呼び，その構成と内容をこの章で説明しよう．

ただし卒業論文でも，自分自身では実験や解析や計算を行わずに，もっぱら教科書や学術論文を読み，その内容を紹介（レビュー）するものがある．これをレビュー型卒業論文とよび，この章の最後にレビュー型卒業論文に特有の注意点を述べる．

2.2 卒業論文の節構成

卒業論文の構成では，以下のような節の並びが一般的だ．

「題目，所属学科名，氏名，学生番号，提出年月日」（通常，表紙ページとして独立させる）

　要旨
 1. はじめに
 2. 実験方法（または「データと解析手法」「数値計算」など）
 3. 結果
 4. 考察
　謝辞

> 引用文献リスト
> ※ 必ずページ数を入れる．

　こう見ると，実験レポートと節の構成はさほど違いがない．しかし中身の書き方はかなり違う．

　特に「はじめに」と「考察」は，実験レポートと卒業論文とでは大きく違ってくる．この違いが生じる理由は，卒業論文を含めて研究論文では，その研究の意義や，世界の研究の流れの中での位置づけを示す必要があるためだ．研究論文では，研究の意義をまず「はじめに」で主張し，「考察」では広い科学技術の世界にどういう意味をもつのかを述べることが重要である．

　もう一つの違いは，皆さんが材料としてもつ情報量の違いだ．実験レポートのもとになる実験は短いものでは2・3時間で行うが，卒業論文になると半年あるいは1年をかけて作業することが珍しくない．この作業量の違いは提示する情報量を増やすだけでなく，情報相互の関係をより複雑なものにする．そのために卒業論文は豊富な内容をどのようにまとめて，どう配置するのかがレポートよりも重要になる．

2.3　題目〜論文の顔

　題目をどうつけるかは研究論文では非常に重要だ．題目は，論文の他のどの部分よりも最も多くの人の目に触れる．題目を読んだ人がその先を読むかどうかは，タイトルにどれだけ惹かれるかによる．

　一番簡単な論文の題目のつけ方は，**研究目的を題目にする**ことだ．つまり，「はじめに」の節で「本研究の目的は．．．．を明らかにする」と目的を書く時の，この．．．．部分を題目にするのである．たとえば，

> 本研究の目的は，日本の気温へのエル・ニーニョの影響を明らかにすることである

というのであれば，題目を

> 日本の気温へのエル・ニーニョの影響

とすることができる．なお，これを次のように疑問文にすることもできる．

> 日本の気温にエル・ニーニョは影響するか？

しかし疑問文の題目は，私の専門である気象学・海洋物理学・気候学では 2～3% しか使われていないので（第 14 章で説明する Web of Science で調べることができる），あまり使わない方がよさそうだ．ただし分野によってはより頻繁に使われる分野もあるだろうし，疑問文のタイトルは目立つという効果はある．

　研究の特徴が研究手法にある場合には，**題目に手法**を入れる．たとえば，

> 熱帯降雨観測衛星で得られた日本南方の降水変動特性

という題目は，熱帯降雨観測衛星が強調されているので，この研究手段を日本南方の降水変動特性の解析に用いたのは，おそらくこの論文が初めてであることが示唆される．

　研究の**主要な結果を題目**に入れるという方法もある．たとえば，最近注目を集めているインド洋ダイポールモードという気候変動現象をはじめて報告した論文の題目は，和訳すれば

> 「熱帯インド洋におけるダイポールモード」

であるし，やはり気候変動現象である，北極振動を最初に報告した論文の題目は

> 「北極振動の冬季の等圧面高度と気温における特徴」

である．ただし，研究結果を題目に入れることは，押しつけがましいと

して好まない人もいる．

　題目は短い方がよいので，冗長な表現は避ける．たとえば，ときどき「..の研究」という題目を見るが，研究論文では「研究」であることは自明なので，「の研究」は取る方がよい．

2.4　要旨の内容〜読者を引きつけよう

　要旨の書き方は，実験レポートと卒業論文を含めた研究論文とで共通である．つまり何を行って，どういう結果が得られたのかの概要を書く．ただし卒業論文では，**要旨で読者を獲得する**という気持ちをもってほしい．読者を獲得するために，主要な結果，特に読者の興味を引く結果は必ず盛り込もう．

　読者を獲得するうえでの要旨の重要性は，学術雑誌において非常に大きい．2000年頃に多くの学術雑誌の主な提供形態が，紙媒体からHTMLやPDFという電子媒体に変わった．以前は紙媒体で論文が提供されていたので，要旨を読むのではなく，ぱらぱらめくって，自分の興味を引く図があると，その論文を読むという方法も取れた．しかし電子化された雑誌では，雑誌1冊分の図に目を通すのには手間（何回ものクリック）も暇（時間）もかかるので，現実的ではない．さらに，第13章で説明する論文検索システムでは，興味のあるテーマなり著者なりについて，要旨までならすぐ読むことができる．要旨に興味を引かれれば，出版社のサイトに移って全文を入手する．このように研究論文の読者を獲得するには，要旨が鍵となっている．

　要旨の重要性は論文にかぎらない．大量の情報が提供される場合には，要旨で読者を獲得するという戦略は広く用いられる．たとえばメールで長くなる場合には，最初の1段落程度で要約を述べ，その直後に「以下詳しくご説明します」として，長い説明につなげることは珍しくない．この要約は，実質的には要旨と同じだ．読み手が大事だと思えば，その先を読んでもらえるのだ．

　卒業論文では要旨の良し悪しで，読者が大きく違うということはないかもしれない．卒業論文は狭い範囲（たとえば卒論を書いている人の研究室の教員と後輩）にしか読まれないことが普通なので，読者獲得のために要旨でアピールする必要はさほどないからだ．しかし将来の皆さん

の職業生活では，非常に多くの要旨あるいは要約を書くことになるだろう．**よい要旨を書くのは，誰にとっても重要なトレーニングになる．**

要旨の例を一つ示そう．

> 我が国の代表的な桜であるソメイヨシノの開花日と，海面気圧との関係を，年々変動について，特異値分解解析法により調査した．開花日の遅速の分散の 22% は，特定の気圧パターンで説明されることが示された．変動パターンは，日本付近の暖かい南風が早い開花をもたらすことを示唆している．興味深いことに，桜の開花日と関係する海面気圧の変化は北半球に広く分布し，北極振動と似通ったパターンをとる．

なお，特異値分解解析法とは気候変動解析に使われる解析手法の一つで，皆さんは知らないだろうけれど（すみません），この要旨を読む読者はその名前を知っているという前提で，この要旨は書かれている．

2.5 「はじめに」の内容

実験レポートでも卒業研究論文でも，「はじめに」で，その実験・研究で何を行うのかを示すことは共通だ．ただし，そこにどうもっていくかは違う．

実行型卒業論文の「はじめに」では，読者に伝えるべきことは主に二つある．一つは，その研究内容が重要であることを読者に納得させることであり，もう一つは，過去の関連研究の紹介である．

卒業論文では，皆さんそれぞれが違うテーマを選ぶので，なぜそのテーマに重要性があるのかについても読者に主張しなくてはならない．テーマが与えられている実験レポートでは，こういう主張はさほど必要なかった．なお卒業論文での「なぜそのテーマを選んだのか」という説明に，学生実験では許された個人的な動機を述べるのは適当ではない．

テーマの重要性を主張するには，以下のような，ホップ・ステップ・ジャンプの，3 段階の説明がなされる．

ホップ： 個別テーマよりも大きい研究領域の重要性を主張

ステップ： 研究領域の中で，研究が不十分な個別テーマを提示
ジャンプ： 個別テーマに関する，研究の目的と手段の概要を述べる

議論のタイプでいえば，この3段論法は正・反・合で議論を進める弁証法になっている．つまり，ホップが重要性を主張して「正」，ステップは「しかし... が行われていない．」と否定的な面を述べるので「反」．そしてジャンプは，重要であるのになされていなかった研究を行うのだ，と前の二つを合わせて論を進める「合」である．

具体的な「はじめに」の例を示そう．

> 例　（ホップ）近年様々な10年から数十年の時間スケールをもつ変動の報告が，局所的な変動および大規模場の変動についてなされている．（ステップ）しかし，従来の大規模場の報告のほとんどは，気温・水温および気圧に関するものであり，人間活動にも重要な影響をもたらす降水量については，降水量データの制約から報告がなされていなかった．（ジャンプ）そこで本研究の目的は，降水量変動の10年から数十年スケール変動の実態を明らかにすることである．そのために，本研究では，複数の降水量データセットを組み合わせて，それらのデータセットの間で相互に整合的な変動

> のパターンを同定する．

　ここでホップでは比較的広い範囲をカバーし，ステップではより狭い特定の問題に焦点をあて，さらにジャンプでより狭い具体的な目的と手段を述べていることに注意しよう．つまり説明の進め方は「**一般から個別へ**」であり，これは後で述べるように「考察」での内容が「**個別から一般へ**」であることと対照的になっている．なお上の例はわかりやすくするために，全体を1段落にまとめている．しかし，実際の論文では5.3節で説明するように，各段階に1〜数段落をあてることが一般的だ．

　はじめの「一般から個別へ」と考察の「個別から一般へ」を合わせた展開を，ワイングラスにたとえることもある．ワイングラスの広い上部から脚に向けて狭くなるのが「一般から個別へ」，すーっと伸びた脚が「個別」，そしてまたワイングラスの底部で広くなるのが「個別から一般へ」だ．香り豊かなワインのイメージとともに，「一般から個別へ」そして「個別から一般へ」を覚えよう．

　ホップにおいて研究領域の重要性を主張する場合，論理展開は大きく二つあげることができる．一つは実験レポートでも使う，扱う個別テーマが他の現象に影響する，という論理である．もう一つは，多くの研究が行われている，というものである．つまり大勢の研究者が取り組んできた研究領域であれば，きっと重要なのであろう，と連想を誘う方法である．「みんなで渡れば...」という感じがするようでもあるが，なかなか効果的だ．たとえば次のようにする．

> ○　気候がある状態から他の状態に短い期間で遷移する気候レジーム・シフトは，多くの注目を集めてきた（たとえば，XXX 1999, YYY 2000, ZZZ 2001）．

図 2.1　論文全体の論理の流れ

　研究論文の「はじめに」で重要なもう一つの内容は，過去の研究を紹介することだ．この紹介は主にホップの中で行われ，一部はステップの中でも述べられる．

　その際，過去の論文の紹介は建設的に行うことが求められる．そのため，個々の研究を攻撃するような表現を用いてはならない．たとえば，以下のような表現は避けよう．

> ✗　だれそれ（2000）はこの矛盾を放置した．
> ✗　だれそれ（2000）は，この問いには答えなかった．
> ✗　だれそれ（2000）の数値計算結果は，観測結果と一致していないので，おそらく間違っている．

これらの表現がよくないのは，特定の論文や人物を非難しているためだ．科学技術は，大勢の研究者が一歩ずつ発展させていくものなのだから，特定の研究を非難することは建設的ではない．積み残された問題は，関係する研究者を含む分野全体で担うべきものだ．そこで，先行研究の功績はそれぞれの研究に帰し，一方，問題点を述べる時には，その問題点自体に焦点があたる書き方にしよう．

前ページの3つの例文を，論文中に用いるのに次のように書き直せばよい．

> ○ その矛盾は今日まで解決されていない．
> ○ この問いの回答は，いまだ得られていない．
> ○ 数値計算結果と観測結果が一致しない理由は，これまで知られていなかった．

2.6 「方法」～再現できるように

「方法」に相当する節のタイトルは，実際にはもう少し具体的に研究手段にふさわしいものをつける．実験を主とする研究なら「実験方法」，観測ならば「観測」，データ解析であれば「データと解析手法」，数値計算なら「数値計算モデル」，などがある．これらは，実験レポートでも使われる．

この節では，**他の研究者が追試可能な程度に具体的に研究方法を記述**しよう．この際，想定する読者がもっている知識を推定し，その読者に適切なレベルの説明を行う．そのテーマに興味をもつ読者のほとんどが知っていると期待される知識なら，詳しく説明する必要はない．逆に相当数の読者が知らないだろうという情報は，きちんと説明する．

すでに他の論文に記載されている方法については，その論文を引用することが，学術論文では一般的だ．詳細の説明を読者が知りたい場合は，引用されている文献を読めばよい．ただし，自分が今書いている論文を読み進むのに最低限必要な方法についての情報を想定する読者が知らないのであれば，その情報は自分の論文で説明しなくてはならない．この場合には，方法を詳しく述べている論文を引用するとともに，必要な概要を説明することになる．

もっとも卒業研究では，他の研究者が提案した方法でも引用論文を読んでもらうことで済まさずに，一般の研究論文よりも詳しく書くとよいだろう．詳しく説明することで，他の学生にも一層役に立つ．それにその卒論を書く学生自身がしっかり理解している，ということを示すことにもなる．

2.7 「結果」〜正確かつ客観的に

「結果」は論文の最も重要な部分である．この節では，2節で説明した方法で得られる結果を説明することが主である．さらに通常は，その結果が，「はじめに」で提起した目的にどう寄与するかという**論理**，つまり結果がもつ**意味**も説明しなくてはならない．そういう論理を随時示さないなら，読者が結果自体を覚えておかなくてはならない．しかしそうすると，それが提示されるまで読者が記憶できる量をすぐに超えてしまうので，読者がついてこられなくなってしまうのだ．この点で，実験レポートでも「結果」の節に意味をある程度述べなくてはならないことを書いたが（1.8節），より結果のボリュームが大きい卒業論文では結果がもつ意味をうまく書くことがますます必要になる．

また，先行研究との比較も，「結果」の節でよく行われる．これには一致していることを短く述べることが多い．たとえば，次のようにする．

> ○ だれそれ（2000）と整合的に，..... という結果が得られた．

さらに実際の論文ではもう少し踏み込んで，しばしば推測や解釈をも結果の節に書く．つまり，読者の大多数が納得できる論理を述べるうえで，解釈や推論や意味づけという，ある程度考察的な内容を述べるのである．この際，「... を示唆している」「... を強く示唆している」「... であろう」「... であるかもしれない」などの表現を用い，事実の記述ではないことをはっきりさせる．たとえば，

> ○ 惑星探査機の機能に問題が生じたのは，7月1日の新しい制御プログラムの受信後であった．このことは，プログラム・ミスが問題を引きおこしたことを示唆している．

という具合だ．

また「考察」で書くほど重要ではない推測は，もちろん「結果」の節に書かなくてはならない．たとえば

> ○ 12月24日から1月1日までの期間は，遠隔測定装置によっ

> てデータが取得できなかった．おそらく，この間の温度低下によってバッテリーの電圧が低下し，正常な測定ができなかったのであろう．

という記述の第2文は，それほど重要ではない推測を述べている．この推測を，データが取得できなかったという事実の直後に述べることで，読者の気持ちをすっきりできる．逆にデータが取得できなかったという事実を述べるだけでは，なぜデータが取得できなかったのだろうと，もやもやとした感じを読者がもってしまう．

論文の書き方の本では，考察的な内容はすべて考察の節に書くよう指示しているものもある．しかし，「効果的な英語論文を書く」（ジョン・スウェイルズ，クリスティン・フィーク著）では，そういう指示に反して，実際には結果と考察の違いはそれほど明確ではなく，ほとんどの論文がある程度は考察的な内容も結果の節に書いていることを述べている．

実際に一般の学術論文では多くの考察的内容を述べるので，その全部を考察の節に書くことはできない．もしそうしたとすると，考察の節の情報は相互に関係が乏しいバラバラな論点の羅列となって，非常に理解しづらくなってしまう．

また，さきほど先行研究と整合的であることを短く述べると書いたけれど，先行研究と一致しない場合には，もう少し説明が必要である．

> この結果とだれそれ（2000）の結果は，これこれの点で異なっている．この原因はおそらく，．．．．であろう．

また上で述べたように，「結果」の節で述べる**考察的な内容は短くなくてはならない**．短いという基準は**1文か2文**である．短くしておくことで，「結果」の節の主要な情報の流れ，つまり自分自身が出した結果の説明に対して，邪魔にならないのだ．

考察的内容を短く述べるという原則にも例外はあり，考察の節では述べたくない比較的長い内容を，結果の節で述べることもある．たとえば考察の節はもっと重要な議論に集中したいので，ある考察的内容を結果の節にまわすというような場合である．この場合は1・2段落を使って，

考察的な内容を「結果」の節で述べる．ただし，こういう例外は1論文で1回までにしておく方がいいだろう．

さてここで，次の図2.2を見てみよう．事実としてどこまでいえて，可能性や推測として何がいえるのかを考えてみよう．推測を事実であるかのように述べるのはもちろんいけないが，逆に事実を推測であるかのように述べてもいけない．

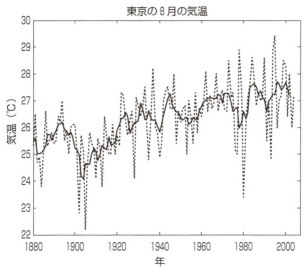

図2.2　東京の8月の月平均気温．実測値を点線で，5年移動平均を実線で示している．

- ○ 東京の8月の気温は，過去120年間の間おおむね上昇している．（事実を事実として述べている）
- ✗ 東京の8月の気温は，過去120年間の間おおむね上昇していると考えられる．（事実であるのに，推測であるかのように述べている）
- ✗ 東京の8月の気温の上昇は，地球温暖化と関係している．（事実かどうか証拠がないのに事実であるかのようにいいきっている）
- ○ 東京の8月の気温の上昇は，地球温暖化あるいは都市化と関係しているかもしれない．（可能性があることを述べている）

> △ 私は，東京の8月の気温の上昇は，地球温暖化あるいは都市化と関係していると推測している．（著者の責任において推測している．ただし結果で述べるにはあまりふさわしくない）

2.8 「考察」～発展性を示そう

「考察」に含まれるものとしては，「まとめ」「考察」「結論」がある．実際の研究論文の最後の1・2節は，これらの一つ以上を組み合わせることが一般的だ．これらの基本の節を一つか二つ使ってもよいし，二つの節を合わせた「まとめと考察」「まとめと結論」「考察と結論」という節を使ってもよい．なお，手近な論文で調べてみたところ，「結論」という節を設けている論文は，「考察」や「まとめ」という節を設けている論文よりも多かった．

研究論文の「考察」で最も重要なことは，「結果」で得られた個別の問題についての情報が，より**一般的な科学の世界**でどういう価値をもつのかを説明することだ．つまり説明する内容は**個別から一般へ**であって，「はじめに」での**一般から個別へ**（2.5節）とは逆になる．この点での主要な論点は次の3つで，このうちの一つは書くように心がけよう．

> 1. 自分の研究が何にどう波及するか
> 2. 他の研究との比較，または他の研究の再解釈
> 3. 現在の問題点と将来の解決するべき方向

より広い「一般へ」の価値をもつほど，すぐれた考察となる．しかし，そうした考察ほど書きこなすのには，広い関連知識をもっていることが必要となる．

また「結論」としての内容は，ぜひ記述して欲しい．**よい研究は主要な結論を，一つかせいぜい二つの文で**述べることができなくてはならない．そうした結晶化ができていれば，結論を書くことは簡単である．逆に，あれもわかったこれもわかったというように，相互の関連が乏しい散漫な理解では，よい結論は書けないだろう．

2.9 引用文献の書き方

　論文では，**自分が行ったことと一般的な知識以外はすべて引用文献を示さなくてはならない**．何を一般的な知識とみなすかは，広く読まれている教科書を基準にするとよい．つまり，教科書に記載されているほど一般的な知識は，文献を引用しなくてよい．

　引用文献と 1.11 節で説明した参考文献の相違は，本文と文献リストとの関係だ．引用文献は本文中で引用している文献であることを意味する．したがって，**本文で引用した文献はすべて引用文献リストに入れる**ことが必要だし，**引用文献に入っている論文はすべて本文で引用**しなくてはならない．一方，参考文献は「私はこういう本でこのテーマについて勉強しました」ということを示すだけなので，本文中で引用しない文献も参考文献リストに載せることができる．ただし前にも述べたように参考文献という節の名称でも，実際にはここでいう引用文献の意味で定義されている場合もある．

　通常，卒業論文においては，参考文献ではなく引用文献を載せることが求められるだろう．引用文献のリストは論文の最後にまとめ，本文中では該当部分でどの文献を引用しているのかをわかるようにする．引用文献のリストの書き方は，1.11 節の参考文献リストと共通で，学科等で指定があればそれにしたがい，ない場合には論文の中で統一したものとする．

　引用文献を本文中に示す形式は，**著者名＋出版年**で示す方法と，**文献番号**で示す方法の二つがある．卒業論文では，著者名＋出版年の方法がとられることが多い．

　著者名＋出版年として本文で引用する方法では，引用論文を主語や目的語にするか，文や節の末尾にカッコに入れて示すかのどちらかになる．主語や目的語にするのは，たとえば

> ○　**カオス研究の嚆矢となったのは，気象学における Lorenz (1963) の研究である．**

という具合である．文末のカッコに入れるなら，次のようになる．

> カオス研究の嚆矢となったのは，気象における対流現象の研究である（Lorenz 1963）．

　著者が2人までなら，「佐藤と齊藤（2000）」のように2人の苗字を示し，3人以上の場合は「鈴木ら（1980）」のように，第一著者名に「ら」をつけて表記することが一般的だ．また，日本人が書いた論文であっても，英語で書かれたものは，Satoh（2000）のように名前は日本語ではなく英語で表記する．また，同一著者によって，同じ年に複数の論文が出版されているのであれば，佐藤（2000 a），佐藤（2000 b）のように，出版された順序に a, b, … をつけて区別する．これに対応して，文献リストにも年に 2000 a, 2000 b というように a, b をつける．

　文献番号形式の場合．本文での引用は，

> カオス研究の嚆矢となったのは，気象学における対流現象の研究である [1]．

という要領で行う．この文献番号は本文中の出現順に番号をつけ，文献リストも文献番号順に示す．同じ論文が複数回引用される場合は，同じ番号とする．

　また先行研究の図を転載して利用する場合は，（だれそれ 2000 による）あるいは（after Daresore 2000）を，図の説明文の最後に入れる．

　一つの論文紹介が複数の文にわたる場合に，1文1文に同じ引用文献をつけるのは煩雑である．そこで連続する紹介文の最初で論文を明示し，その後の文では，「彼らは」や「この」「その」などで受けるなどして，くどくならずにどの論文であるかが明確になるようにしよう．特に一つの段落がある論文の紹介であるなら，段落の第1文にそのことがわかるように書くとよい．

　自分が研究する内容に関連する論文をすべて引用すると，その数は非常に多くなってしまうので，その一部を引用するということも多い．この場合どの論文を引用するべきだろうか？　まず，研究は**だれが最初に行ったかを非常に重視する**ので，自分が行った内容と，重なる部分をもつ先行研究があれば，必ず引用しなくてはならない．そうでないとあえて

隠したか，さもなければ無知かと思われる．

次に，関連研究のうち特に重要な論文を引用するべきだ．重要性を判断するのは，かつてはその分野の経験がないと難しかった．しかし最近は，第14章で紹介する文献引用データベースを使えば，ある論文が他の論文に引用されている回数を知ることができる．多くの論文に引用されている論文は，多くの研究者に影響を与えたということだから，重要だといっていい．

卒業論文でどの程度の数の論文を引用するのかは，一つにはその分野で出版されている論文が引用する数を参考にするとよい．ただし学部学生にとって，英文で書かれている論文を読みこなすのは容易ではないので，卒業論文で引用する論文の数は，出版される論文に引用される数よりも少ないことが一般的だろう．多くの論文を読みこなすことができるなら，卒業論文では出版論文のようにページ数の制限はないので，出版論文以上の数の文献を引用しても差し支えない．

2.10 レヴュー型卒業論文への注意

卒業論文の一形態として，先行研究の紹介だけを行う，「レヴュー型卒業論文」がある．レヴュー型卒業論文は，自分で手を動かす卒業論文とは異なる書き方が必要である．この節ではレヴュー型卒業論文に特有な問題を注意しておこう．

レヴュー型卒業論文の構成では，以下のような節の並びが一般的だ．

「題目，所属学科名，氏名，学生番号，提出年月日」（通常，表紙ページとして独立させる）
　要旨
　1. はじめに
　2. サブテーマ1
　3. サブテーマ2
　4. サブテーマ3（必要な数だけサブテーマを加える）
　5. 考察
　(6. 結論)

> 謝辞
> 引用文献リスト
> ※ 必ずページ数を入れる.

「はじめに」では，まず全体のテーマの重要性を主張する．またテーマについての研究発展の概要を紹介することもよい方法だ．通常のレヴュー型論文では，大きなテーマをいくつかのサブテーマに分けて紹介するので，どういう観点でどのようにサブテーマを分けるのかも，この節で説明しよう．

　サブテーマに分けての先行研究の紹介が，レヴュー型卒業論文の主要部分である．この際サブテーマのタイトルは，同じレベルで重複がないようにしよう．たとえば，「観測」「数値モデル」はどちらも研究手段であるので，並列な関係をもち，サブテーマのタイトルにふさわしい．しかし，「観測」「北太平洋における観測」であれば，後者は前者に含まれるので同じレベルの節とはせず，後者を前者の中の小節（subsection）とするのが適切だ．一方，「数値計算」と「北太平洋における観測」の場合は重複はないものの，前者は数値計算全体についてであるのに対して，後者は観測のうち北太平洋と限定しているので，同じレベルであるとはいえない．並列性については，7章でより詳しく説明しよう．

　「サブテーマの説明」では，単に各論文の内容をぶつ切りに紹介するのではなく，**異なる研究間のつながり**も説明するよう心がけよう．つまり個々の研究がどのように関係して，**知のネットワークを形成**しているのかを明確にすることが必要だ．相互の関係を述べずに，断片的な個々の研究の紹介に終始するのでは，知識体系を伝えることはできない．それだけでなく，読者が全体の関係を見てとれないので，読み進むのが苦痛になる．

　またこのサブテーマの解説の部分では，論文の紹介に集中し，卒論著者の意見は入れない方がよい．もし入れる場合には，紹介されている論文の著者の意見ではなく，卒論著者の意見であることが明確になるように書こう．

　レビュー型卒業論文でしばしば見られる問題は，先行研究の内容を卒論著者自身が行ったかのように書いてしまうことだ．たとえば，

> 次にAとBとの関係を導出しよう．

と書くと，卒論著者が導出したかのように思われてしまう．それを防ぐには，主語を省略せずに

> ○ 彼らは次のようにAとBとの関係を導出した．

と書くべきだ．つまり，自分が行ったことと，他人が行ったことをはっきりと区別しよう．特に日本語は主語のない文が使えるので，主体が誰かがあいまいになりがちなのである．

なお，どんなに卒論著者が苦労して，論文に荒っぽくしか書かれていない数式の導出を自分で行ったとしても，導出したとは書けない．科学の世界は先着権を非常に重んじるので，はじめに行った者だけが，行ったといえるのだ．研究を行った者だけが主語になれる動詞にはほかに，「導出する」「解析する」「実験する」「計算する」「見出す」「発見する」「研究する」などがある．

一方「考察」では，卒論著者自身の考えを書く．この際，自分の考えであることをはっきりさせる表現を使おう．意見を述べる段落の最初の方で「この問題について，私の意見を述べる」と書いたり，「筆者は...と考える」のように，筆者あるいは「私」を主語にして省略せずに書くとよい．

第3章 ちょっと細かいけど必要な形式

3.1 体裁

　この章では，実際に書く時の文書体裁や書式，化学単位，記号などの注意点について説明する．

　フォントの大きさと行間は，誰かにチェックしてもらう原稿であれば，**フォントは 10.5 〜 12 ポイント程度の明朝体，行間は 2 行，余白は上下左右 2.5 cm 程度空け，ページ番号を付けよう**．行間と余白は書き込みをするのに必要だ．最終的な原稿では，特に指定がなければ行間は 1 行でよい．また，両面印刷すると，保管用のスペースを節約するにも助かる．なお，和文のレポートや論文で英字が登場する部分には，明朝体ではなく Times 系か Century 系のフォントを使う方が見た目がよい．レポートや論文では，太字や下線は使わないことが一般的だ．たとえば特定の用語を強調したいのであれば，和文ではカッコ（「　」），英文では斜体（イタリック）の利用が適当だ．

好ましい文書の体裁
・フォントは 10.5 〜 12 ポイント程度の明朝体
・余白は上下左右 2.5 cm 程度空ける
・章と章の間は 2 行空ける
・行間は 1 〜 2 行とする
・ページ番号を付ける

3.2 省略形

　一般的な略号には Figure の Fig., Equation の Eq. などがある．このピリオドは略号であることを示している．

一般的ではない省略形は，最初に導入する際に非省略形を示す．たとえば，一度「海面気圧（Sea-Level Pressure, SLP）」と書いておけば，その後は海面気圧の意味で SLP を使うことができる．ただし略号の利用は，その分野で広く使われている略号か，略号を使わないと長くなって困るものに限定しよう．見慣れない略号を記憶するには，5章で説明する読者の貴重な短期記憶が使われるので，そういう略号の使用は格段に文章の理解を難しくするのだ．なお，一般的な略号は文の中では Fig. などと略記しても，文頭では Figure と省略せずに書く．

3.3　単位

　単位は基本的に**国際単位系（SI 単位系）**で定められている単位を使おう．SI は，国際単位系を意味するフランス語（Le Système International d'Unités）の頭文字から取られている．SI 単位系は，科学が進むにつれて各国・各学問分野でさまざまな単位が使われるようになり，混乱をきたしはじめたため，世界標準となる単位系をつくろうという考えからまとめられたものである．SI 単位系は **7つの基本単位**をもっており，それらを表 3.1 に示した。そのうちの3つは，MKS 単位系と共通の，メートル・キログラム・秒である．また，長さの基本単位がセンチメートルで，重さの基本単位がグラムである CGS 単位系はかつてはかなり広く使われていた．なお，センチメートルとグラム自体は SI 単位系でも定義されているので，使うことはできる．ただし単位変換の間違いを避けるために，必要な場合のみ使うようにしたい．

　SI 単位系では，すべての単位は基本単位か，その組み合わせ（組立単位）で表すことができる．組立単位には，面積を m^2 で表すように固有の名前のない組立単位と，力をニュートン（$N = m\,kg\,s^{-2}$）で表すように固有の名前をもつ組立単位とがある（表 3.2）．

　頻繁に見かけるものの，SI 単位系にはなく，使用が推奨されていない単位の代表は熱量の cal だ．SI 単位系では，熱量は J（ジュール）を使う．

　SI 単位系では，単位記号は直立（斜体ではなく）させて書くことになっている．それと区別しやすいように，量の記号（量を示す変数）は斜体で書くことになっている．たとえば，

> **例** この実験で測定された最高速度 v は，100 m s^{-1} である．

という具合だ．ここで示しているように，**数字と単位の間と，単位と単位の間には，0.5字（半角）分の空白を入れる**．また，空白の代わりに掛け算を意味する・(半角中点) を使って，m・s^{-1} のように表してもいい．単位と単位の関係が割り算の場合には m/s と表すこともできる．ただし，"/" の記号の利用は**原則1回だけ使用可**となっている．割り算記号を使う場合には，何が分母で何が分子なのかをはっきりさせよう．たとえば，kg/m s は，kg s/m なのか，kg/(m s) なのかがあいまいなので，最初の表現は避けて，後の二つのどちらかを使う．

SI単位系では，10，100，… 倍もしくは 10^{-1}, 10^{-2}, … を示すSI接頭語が定められている（表3.3）．SI接頭語のうちキロ，センチ，ミリは一般的だし，ナノもおなじみだろう．パソコン関係では，メガ・ギガ・テラもよく使われる．台風予報で出てくる hPa は，100を意味するヘクト(h)が圧力の単位のパスカル（Pa）についたものだ（ちなみにこのパスカルは，「人間は考える葦である．」のパスカルにちなんでいる）．これらの接頭語と単位記号は一体化して**合成単位記号**となるので，両者の間にスペースは置かない．つまり cm や MHz とは書いても，c m や M・Hz とは書かないのだ．

SI単位系では**大文字と小文字は厳密に区別する**．たとえば kg は必ず小文字で書き，Kg や KG とは書かない．

数値を列挙したり範囲を示したりする場合は，各々の数字に単位をつけずに，10, 20, 30 m s^{-1} や 10 − 20 m s^{-1} のように最後の数字にのみ単位をつける．また，数値と数値の間を結ぶのは，日本語では"〜"が多く使われ，英語ではロング・ダッシュ"−"が使われる（ハイフン"-"ではない）．

なお，数字と単位の間にスペースを空けるというルールには，わずかに例外がある．それは，角度を表す「°」（角度 ($=\pi/180$) rad），「'」角度の分 ($= (1/60)$ °)，「''」角度の秒 ($= (1/60)$ ') である[※2]．なお，分と秒は日本語では時間の単位でもあるが，SI単位系での時間の分は min，秒は s で表す．これらの単位を用いた列挙では，100° − 100°E，5° − 10°C などのように，最後の数値以外にも°をつけ，東経のEは最後の数値

にのみつける．ただし緯度経度で列挙される数値の東経か西経または南緯か北緯が変わる場合には，120°E‒120°W，10°S‒10°N のように，各数値に EWNS の記号をつける．なお角度の「°」とまぎらわしいのが，摂氏（セルシウス度）の℃で，これと数字との間は半角空ける．またパーセント記号「%」も，数字との間に半角空ける．

（参考資料：「国際単位系（SI）は世界共通のルールです」，（独）産業技術総合研究所・計量標準総合センター　https://www.nmij.jp/public/pamphlet/si/SI1002.pdf　2015 年 9 月 4 日アクセス）

表3.1　SI 基本単位

量	名　　称	記号	定　　　　義
長　さ	メートル	m	光が真空中で 1/(299 792 458)s の間に進む距離
質　量	キログラム	kg	（重量でも力でもない）質量の単位であり，国際キログラム原器の質量に等しい
時　間	秒	s	セシウム 133 の原子の基底状態の二つの超微細準位の間の遷移に対応する放射の 9 192 631 770 周期の継続時間
電　流	アンペア	A	真空中に 1 メートルの間隔で平行に置かれた，無限に小さい円形断面積を有する無限に長い 2 本の直線状導体のそれぞれを流れ，これらの導体の長さ 1 メートルごとに 2×10^{-7} ニュートンの力を及ぼし合う不変の電流
熱力学温度	ケルビン	K	水の三重点の熱力学温度の 1/273.16
物質量	モル	mol	0.012 キログラムの炭素 12 の中に存在する原子の数と等しい数の要素粒子または要素粒子の集合体（組成が明確にされたものに限る）で構成された系の物質量とし，要素粒子または要素粒子の集合体を特定して使用する
光　度	カンデラ	cd	周波数 540×10^{12} Hz の単色放射を放出し所定の方向の放射強度が 1/683 W sr^{-1} である光源の，その方向における光度

※2　米国国立標準技術研究所　http://physics.nist.gov/Pubs/SP811/sec07.html　2015 年 9 月 4 日アクセス

表 3.2　固有の名称をもつ SI 組立単位

量	単位	単位記号	他の SI 単位による表わし方	SI 基本単位による表わし方
平面角	ラジアン（radian）	rad		m/m
立体角	ステラジアン（steradian）	sr		m^2/m^2
周波数	ヘルツ（hertz）	Hz		s^{-1}
力	ニュートン（newton）	N	J/m	$m\ kg\ s^{-2}$
圧力，応力	パスカル（pascal）	Pa	N/m^2	$m^{-1}\ kg\ s^{-2}$
エネルギー，仕事，熱量	ジュール（joule）	J	N m	$m^2\ kg\ s^{-2}$
仕事率，電力，工率，動力	ワット（watt）	W	J/s	$m^2\ kg\ s^{-3}$
電気量，電荷	クーロン（coulomb）	C	A s	s A
電力，電位，電位差，起電力	ボルト（volt）	V	J/C	$m^2\ kg\ s^{-3}\ A^{-1}$
静電容量，キャパシタンス	ファラド（farad）	F	C/V	$m^{-2}\ kg^{-1}\ s^4\ A^2$
電気抵抗	オーム（ohm）	Ω	V/A	$m^2\ kg\ s^{-3}\ A^{-2}$
コンダクタンス	ジーメンス（siemens）	S	A/V	$m^{-2}\ kg^{-1}\ s^3\ A^2$
磁束	ウェーバ（weber）	Wb	V s	$m^2\ kg\ s^{-2}\ A^{-1}$
磁束密度，磁気誘導	テスラ（tesla）	T	Wb/m^2	$kg\ s^{-2}\ A^{-1}$
インダクタンス	ヘンリー（henry）	H	Wb/A	$m^2\ kg\ s^{-2}\ A^{-2}$
セルシウス温度	セルシウス度または度（degree Celsius）	℃	K	K
光束	ルーメン（lumen）	lm	cd sr	
照度	ルクス（lux）	lx	lm/m^2	
放射能	ベクレル（becquerel）	Bq		s^{-1}
吸収線量，質量エネルギー分与，カーマ，吸収線量指標	グレイ（gray）	Gy	J/kg	$m^2\ s^{-2}$
線量当量，線量当量指標	シーベルト（sievert）	Sv	J/kg	$m^2\ s^{-2}$

表 3.3　SI 接頭語

| 単位に乗ぜられる倍数 | 接頭語 | | 単位に乗ぜられる倍数 | 接頭語 | |
	名称	記号		名称	記号
10^{24}	ヨタ	Y[a]	10^{-1}	デシ	d

10^{21}	ゼタ	Z^a	10^{-2}	センチ	c
10^{18}	エクサ	E	10^{-3}	ミリ	m
10^{15}	ペタ	P	10^{-6}	マイクロ	μ
10^{12}	テラ	T	10^{-9}	ナノ	n
10^{9}	ギガ	G	10^{-12}	ピコ	p
10^{6}	メガ	M	10^{-15}	フェムト	f
10^{3}	キロ	k	10^{-18}	アト	a
10^{2}	ヘクト	h	10^{-21}	ゼプト	z^a
10	デカ	da	10^{-24}	ヨクト	y^a

3.4 その他

　英語論文を引用したり英語の用語を示したりする際に気をつけなくてはいけないのは，**単語と単語の間には半角スペースを必ず空ける**ことである．しかるべきところにスペースがないと，くっついた一つの単語のようにとられてしまう．つい見落としやすいのは，大文字ではじまる単語だ．たとえば，「Novel Prize」（ノーベル賞）を，「NovelPrize」と書いてはいけない．「Yamada2002」ではなく，「Yamada 2002」と英単語と数値の間も空ける．省略形のピリオドの後のスペースも忘れずに Eq. 1, Fig. 2 としよう．

　英語と2桁以上の数字は，すべて半角に統一する方がよい．特に，同じ種類の内容を表す数字が「1999年」と「２０００年」のように，あるところは半角で，あるところは全角で登場してはいけない．こうした不統一を防ぐにも半角に統一する方が間違いがないし，全角の数字は桁が4桁程度になると見苦しい．

　卒論では学科で，出版論文なら雑誌によって指定される書式もある．特に，引用文献リストの形式（2.9節参照），式番号のつけ方などの細かい書式は，個別に決められていることが多い．たとえば式については，

・式番号は，すべての式につけるのか，式番号を引用する一部の式だけにつけるのか，
・全体で連番にするのか（1. 2. 3.・・・10.・・・20.・・・），節の中でのみ連番にして，(1.1)(1.2)・・・のようにするか，

・本文での式の引用の方法は，式（1）か，式1か，それとも（1）か（英語の場合は Eq. と省略するか equation と省略しないで書くかもある）

などのバリエーションがある．このような細かい書式について規定がある場合はその規定にしたがう．特に規程がなければ，一つのレポートや論文では統一しよう．

ブラインド・タッチのすすめ

　パソコンで文章を書くということは，パソコンが思考の補助道具となることである．こうなると，どうタイプするかはどう思考するかに影響しても不思議ではない．ブラインド・タッチで速くタイプできるなら，思考の速度に近い速さで入力できるだけでなく，画面から目を離さなくてよいので，思考も途切れない．もちろん，入力される文字を見ているので，タイプ・ミスや誤変換にも気づきやすい．

　そのようにメリットの多いブラインド・タッチを，若いうちに覚えておくのは悪くない．タイプ練習のソフトもさまざまでているので，それを使ってみるのも一つの手だ（「ブラインド・タッチ」で検索してみよう）．そこまではする気がなくても，「A」-「Z」がある3行のキーを図のように決められた指でタイプするよう心がけるだけで，ブラインド・タッチがだいたいできるようになるだろう．私もコンピューター会社に勤めた際に1カ月でできるようになった．

小 Tab	小 Q	薬 W	中 E	人 R	人 T	人 Y	人 U	中 I	薬 O	小 P	小 @	小 [	Enter
小 Caps	小 A	薬 S	中 D	人 F	人 G	人 H	人 J	中 K	薬 L	小 ;	小 :	小]	小
小 Shift	小 Z	薬 X	中 C	人 V	人 B	人 N	人 M	中 ,	薬 .	小 /	小 \	小 Shift	

●ブラインド・タッチにおける，キーと指の対応図．網掛けは左手の，網掛けがないのは右手の指を，「人」「中」「薬」「小」はそれぞれ人差し指，中指，薬指，小指を意味する．□で囲っている文字は，それぞれの指の定位置である．特に，人差し指の定位置であるFとJのキーには，表面に突起がついていることが多く，触っただけでそこが定位置であることがわかるようになっている．

第4章 図表〜理系論文の核

4.1 どういう図表を作成するのか

理系の実験レポートや論文の場合，主要な結果は図や表で示す．図・表で示すことで，多くの情報をぱっと理解することが可能になる．

卒業論文や研究論文では，研究の間に作成する図の量が多いので，論文に示すのはその一部である．どの図を提示し，どの図を提示しないかの判断は，論文の場合にはページ数の上限を念頭に置いて，図の重要性から行う．実験レポートや卒論では，あまり図を精選する必要はなく，必要な情報を間違って示さないことを防ぐために，やや多めと思えるくらいの図を提示するほうがよい．ただし論文では，提示している図はすべて本文で言及することが必要なので，本文で説明する必要がない情報を図に示すべきではない．いろいろやった結果を記録しておきたいというのであれば，付録に示すということも考えられる．付録であれば，本文で言及しなくても許されるだろう．なお，図示するほど重要ではない結果は，文のみで紹介されることも多い．たとえば，

 数値計算の解像度を倍にして計算を行っても，この結果はほとんど変化しない．

という文は，解像度を倍にした計算を行い，図示した結果と同様の図をそれらの計算についても作成してあるものの，読者に提示するほどのことはないので論文には載せていない，ということを意味している．

使う図・表を選んだら，それらを磨き上げよう．図・表の理想は，**一目見て何をいいたいかわかる**ことだ．レポートや卒業論文で使う図・表は，なるべく説明文を読まなくても，主張がよくわかるように作ろう．そのためには，どういう種類の図表にするのか，また複数情報を組み合わせるならどう組み合わせるのかをよく考えよう．

4.2　図か表か

　情報を図と表のどちらで示すかは，**図と表のどちらがわかりやすいか？** で判断しよう．図にも表にもできる内容なら，表よりも**図の方が直感的に理解**しやすいため，図にする方がよい．逆に表にするのは主に，

　　a)　正確な数値を示したい
　　b)　数値以外を示したい
　　c)　異なる種類の情報を一つにまとめたい

という場合である．(a) の正確な数値を示す必要があるのは，実験などの設定で用いた値を示す場合や，非常に重要な数値が得られたという場合だろう．(b) はどういうことかというと，たとえばフィールド調査でサンプルを得たとして，その地名という情報を提示するには，普通は表が適しているというわけだ．(c) の異なる情報をまとめたいというのは，たとえばサンプルについて，採取地点・サイズ・重量・色など異なる情報を示すには，図だと一つの要素（サイズや重量）ごとにパネルを作らなくてはならないが，表だとコンパクトにまとめられるのだ（表4.1 参照）．この異なる種類の情報をまとめるという身近な例には，携帯電話の機能一覧がある．数十もの機能をまとめて示すことができるのは，表だからであり，図ではこうはいかない．

　図に示した結果を表にもすることは，**不要な重複**となるので行ってはならない．ときどき，同じ結果を図と表の両方に示すレポートを見かける．エクセルなどを使うと，図を作る前に表ができるので，つい図だけでなく表も示してしまうのだろう．またはページ数をかせぐために，図と表の両方を出したいということもあるかもしれない．しかし，理系のレポートや論文では，またそうでなくてもこの忙しい世界では，**簡潔さを重んじ不要な重複を避ける**．図と表の両方に結果を示すことは不要な重複だ．加えて，「両方示しているからには，何か別な情報が見て取れるのだろうか？」と，読者が違いを探すという無駄な努力をしかねない．結局，図表の両方を示すのは，複数の方法で情報を提供しているため，一見読者に親切であるように思うかもしれないが，実際には読者の負担を増やしているだけなのだ．

4.3 表のつくり方

　表の一番上の行は，タイトル行とするのが一般的だ．一番左の列もタイトル列として使われることが多い．それ以外のセルには，タイトル行と列で規定されるデータを入れることになる．

　表を作るうえでは，罫線をゴテゴテと入れないことを心がけよう．すっきりとした表は読者に好印象を与えるのだ．罫線を引く箇所は，表の一番上と一番下，さらにタイトル行とそれ以外を区切る位置にするのが一般的だ．タテ罫線を引くことは基本的にやめよう．

表 4.1 　取得サンプルの特徴

	Sample A	Sample B	Sample C	Sample D
採取地点	東京	札幌	京都	仙台
全長(mm)	89	91	86	83
重量 (g)	33	21	21	18
色	緑	赤と黒	紫	金と青

↓

表 4.1 　取得サンプルの特徴

	Sample A	Sample B	Sample C	Sample D
採取地点	東京	札幌	京都	仙台
全長(mm)	89	91	86	83
重量 (g)	33	21	21	18
色	緑	赤と黒	紫	金と青

　また，表中の数値については有効数字と単位に気をつけよう．表で示す数値の有効桁数は，同じ種類のデータごとに統一しよう．

4.4 図の基本は線グラフと等高線グラフ

図4.1にまとめたように結果を示す多くのグラフの中で，基本になる

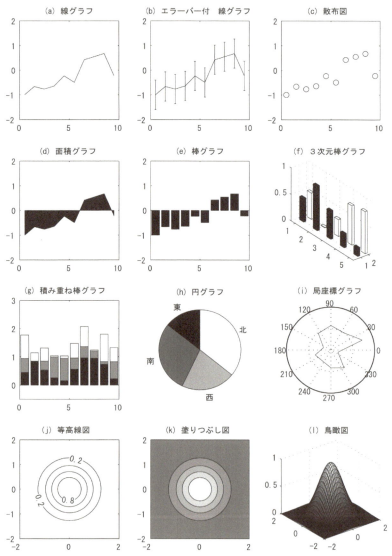

図 4.1 よく利用する図の一覧． 1行目から3行目までは独立変数が一つ，最下行は独立変数が二つである．

のは**線グラフ**と**等高線グラフ**の二つだ（図4.1 a, 4.1 j）．この二つのグラフが基本的だというのは，線グラフは，一つの変数 x についての変化，すなわち $u=u(x)$ という関係を示し，等高線グラフは二つの変数 x, y についての変化，すなわち $v=v(x, y)$ という関係を示すからである．

線グラフが棒グラフや点グラフになっても，等高線グラフが鳥瞰図グラフになっても本質は変わらない．$u(x)$ や $v(x, y)$ の x と y のことを，数学の用語では独立変数ともいう．

なぜ，独立変数が一つと二つの場合が基本になるかといえば，図を表示する紙もディスプレイも2次元であるからだ．3次元空間を模したディスプレイ表示に，3次元情報を形状や色で示す場合もあるが，手前と奥の情報が重なると手前の情報しか見えなくなるので，3次元空間の情報のすべてを伝えることはできない．しかし2次元情報までなら，つまり独立変数が一つか二つなら，情報を省略せずに図示することができる．「いやレーダー・チャートなら多数の項目について情報を与えるから，多次元の独立変数をもつグラフになっているのじゃないか？」と思う人もいるかもしれないが，実はレーダー・チャートで与えることができる情報は，線グラフや棒グラフと変わらない（図4.2）．

「じゃあ扱っている問題の独立変数が3つ以上ある場合には，どういう図にしたらいいだろう？」と疑問に思う，するどい読者もいるだろう．この場合は，変化させる独立変数が二つ（もしくは一つ）になるように他の独立変数の値を固定して，等高線で（線グラフで）示すことができる．たとえば，地上天気図で示されている気圧は，高度0mに引き直したある時点での気圧である．気圧は，実際は緯度・経度・高度・時間の関数で表されるので，独立変数が4つある．このうち，高度を0mに，

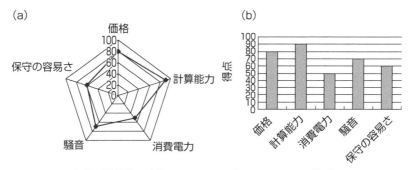

図4.2 ある仮想の計算機の特徴を示す，レーダー・チャートと棒グラフの例

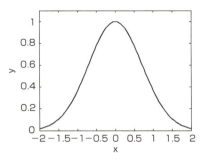

図 4.3　図 4.1 j～l で示した $z=\exp(-(x^2+y^2))$ で $y=0$ とした，$z=\exp(-x^2)$ の線グラフ．

そして時間を X 月 X 日 9：00 などと固定することで，変化する独立変数が緯度・経度の二つだけになるので，等高線で表すことができるのだ．独立変数を減らす例として，図 4.1 j～l で示している $z=\exp(-(x^2+y^2))$ という関数について，$y=0$ とした $z=\exp(-x^2)$ を図 4.3 に線グラフで示そう．

4.5　図の種類の使い分けと情報の重ね合わせ

　図が意味するところをわかりやすくするには，適切な種類の図を選ぶことが大事になる．そこで，どの種類の図がどういう情報を示すのに適しているのかを説明しよう．

　まず，独立変数が一つの場合を，札幌が年間で一番寒い 1・2 月の平均気温と，それと関連の深い北極振動とよばれる気候変動を用いて示そう．北極振動は，北極海付近と北太平洋北部・北大西洋北部の気圧が関係をもって変化し，周辺の気温などに大きな影響を与える気候変動で，その振幅を北極振動指数という数値で表わす．ちなみに，北極振動指数が正の場合は，北極海付近が通常よりも気圧が低くなり，その周囲では逆に通常よりも気圧が高くなる．

　独立変数が一つの場合に最も使われるのは，線グラフ（折れ線グラフともいう）である．線グラフは，特に変化を示すのに適している．たとえば図 4.4 a では，札幌の気温が 1989 年に著しく上昇したことが，はっきりわかる．また，線グラフでは，2 種類の線を重ねて複数の情報を同

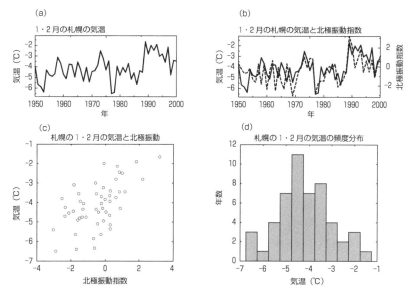

図 4.4 独立変数が一つの場合のグラフの例．(a) 1 変数の線グラフ．線は札幌の 1・2 月で平均した気温を示している．(b) 2 変数を重ねた線グラフ．札幌の 1・2 月の気温（実線）と北極振動指数（破線）を示している．左の軸は気温に対してであり，右の軸は北極振動指数に対してである．(c) 札幌の 1・2 月の気温と北極振動指数の散布図．(d) 札幌の 1・2 月の気温の頻度分布．

時に示すことも簡単だ．図 4.4 b では札幌の気温と北極振動指数を重ねて表している．この図を一見して，札幌の気温と北極振動指数はおおむね同じような変化を示し，特に 1989 年に両者とも著しく上昇している，という 2 点が読者に伝わるだろう．**エラーバー付線グラフ**（図 4.1 b）は，誤差や不確定性について議論する場合に有効だ．**面積グラフ**（図 4.1 d）は，線グラフとかなり似ているが，ゼロを基準にして面積が塗られるために，どこでゼロを超えたのか，またゼロからどれほど離れているが強調される．

札幌の気温と北極振動指数の関係はまた，それぞれの値を縦軸と横軸にとる図でも表せる．この場合には，各データの点を線で結ばない散布図が適している（図 4.4 c）．折れ線グラフにすると，データとデータをつなぐ点が煩雑になってわかりづらい．このように，二つの量の関係を示すには，散布図がよく使われる．

棒グラフ（図 4.1 e）は，**頻度分布**を表す場合に，第一に選ばれるグラフの種類である（図 4.4 d）．また，図 4.2 b のように，異なる種類の

量をまとめて図示する場合にもよく使われる．なお，面積グラフや棒グラフでは，線グラフのように二つの情報を重ねるのは，少々やっかいだ．一つの量を棒で，他の量を線で示したり，3次元の棒グラフ（図4.1 f）にしたりするなどの工夫が必要になる．

円グラフ（図4.1 h）は，**割合**を示すのに使われる．また**積み重ね棒グラフ**（図4.1 g）は，**割合と同時に全体の大きさの変化**を示すことができる．

独立変数が二つのグラフで基本になるのは，白黒表示であれば**等高線図**（図4.1 j），カラーが使えるのであればカラーでの**塗りつぶし図**（図4.1 k）である．白黒図での塗りつぶしでは，多数の濃淡のレベルを使うと，どの濃さがどの値に対応するのかわからなくなるので，そうならないように濃淡レベルの数は少なめに使う必要があり，大まかな情報しか示せない．したがって，白黒図での細かい情報は，等高線で示すことになる．一方，カラーが使えるのであれば，多くのカラーを使うことで，塗りつぶし図でも詳細を判別できる．この場合は，なによりもぱっと見て特徴を把握しやすいという利点のために，カラーの塗りつぶしが最も効果的である．なお鳥瞰図（図4.1 l）はおおまかな特徴をつかむのに

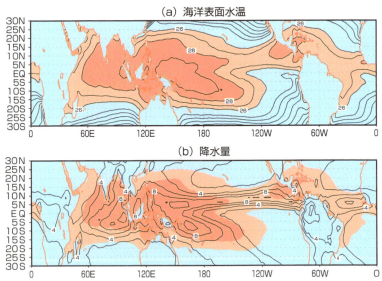

図4.5　1980〜2000年の平均の海洋表面水温（a）と，降水量（b）．等高線間隔は，水温が1℃，降水量が2 mm/dayである．両方のパネルで，海洋表面水温が26℃（28℃）よりも高い領域に薄い（濃い）陰影を施している．

は威力を発揮するが，ピークの高さがいくつであるかなど，正確な情報は読み取りにくい．また手前の描画の影になる奥の部分の特徴は表せない．これらの欠点のために，レポート・論文では鳥瞰図はそれほど用いられない．

　等高線や塗りつぶしの図において二つの情報を重ねるには，**一つの情報を等高線で，他の情報を塗りつぶし**で表すのが一般的だ．両方の情報を等高線で示すと煩雑になるし，塗りつぶしだけで示すと最初の塗りつぶしで示した情報が，後の塗りつぶしで上塗りされて失われてしまう．等高線と塗りつぶしを重ねて使う例を図4.5に示そう．この図では，上のパネルでは表面水温を等高線と塗りつぶしで示し，その表面水温の塗りつぶしを下のパネルでも使って，降水量の等高線と同時に示すことで，高い表面水温と強い降水量分布との対応関係を見やすくしている．なお，等高線や塗りつぶしに加えて，速度を示すベクトルを重ねて示すこともできる．

4.6　装置図・フローチャート・模式図

　前節で説明した結果を示すための図以外にも使われる主な図は，「研究方法」に示す**装置図**や**フローチャート**と，「結果」や「まとめ」に示す模式図である．これらの図を利用する大きな理由は，読者に全体像を与えることである．文章だけでいくつもの構成要素がどう全体として関係しているのかを，わかりやすく説明することは難しい．5章で説明する短期記憶がすぐにあふれてしまうからだ．そこで図を示すことで全体像を理解させ，短期記憶をその部分の説明の解読にあてられるようにすることが，よい戦法となる．

　装置図は，実験装置がどういうものであるか，またそれをどう利用するのかを説明するために用いる．装置図を作図するかわりに，実験レポートでは装置をデジタルカメラで撮影して，そこに各部の名称や説明を加えるのでもいいだろう．しかし作図する方が，説明する事項に集中した図を作れることと，写真では表現できない情報を盛り込めるので，投稿論文などでは装置図は作図する方がよい．

　一般に図の説明は，大づかみに全体を説明し，その後に個々の部分を説明するという流れで行う．これは，全体像を与えたい装置図・フロー

チャート・模式図の説明では，特に重要である．たとえば図 4.6 に示す自転車の図の説明は，次のように書くことができる．ここでは，自転車の特徴と主要な機能をはじめに述べ，それに関連づけて後の説明を行うという方法を取っている．

図 4.6　自転車

> 例　自転車は二つの車輪をもつ乗り物の1種である（図 4.6）．自転車は，乗り手がペダルを踏むことによって走行する．二つの車輪（前輪と後輪）とペダルは，フレームに接続されている．またペダルと後輪とはチェーンによってつながっていて，ペダルの回転が後輪に伝えられる．このため，乗り手がペダルを回転させると，後輪が回転し，この後輪の回転が自転車を進ませる．またフレームには人が腰掛けるサドルと，方向を操作するハンドルがついている．ハンドルを曲げることで，進行方向に対する前輪の角度が変わる．前輪が示す方向に自転車は進むので，ハンドルで自転車の進行方向を変えることができる．

フローチャートは，込み入った手順の全体像を読者に与えるために使う．レポート・論文で使うフローチャートはプログラムのフローチャートを基本とする．ただし，それほど厳密ではなく，たとえば「開始」「終

了」は簡潔にするために示さない場合も多い.

　フローチャートで利用される，主要な記号を表4.2にまとめておこう．また，実際に我々の研究室で夏場に行う重要活動をフローチャートで示す（図4.7）．このフローチャートを見ると文章の説明がなくても，どういう活動がどういう手順で行われているかがよくわかるだろう．

　装置図やフローチャートが実験や研究の方法を表現するのに対して，模式図は実験および研究で得られた結果をわかりやすく読者に示すために用いられる．たとえば，図4.8に示すのは低気圧の発達の模式図である．

表4.2　フローチャートで使われる主要記号

記号	名称
□	処理
◇	条件判断
⬡	準備
▱	入出力

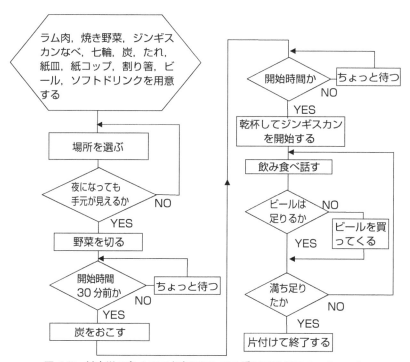

図4.7　某大学の多くの研究室で行われる重要活動のフローチャート

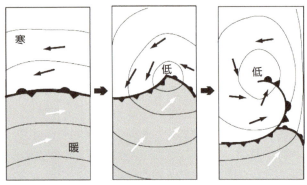

図 4.8　低気圧発展の模式図．等高線は地上気圧を，矢印は風を表している．陰影が施されているのは暖気を，施されていないのは寒気である．また半円がついている太実線は温暖前線，三角がついている太実線は寒冷前線，左のパネルで両者が重なっているのは停滞前線，右のパネルで両者が重なっているのは閉塞前線である．

この模式図で，温帯低気圧の発達の過程を効果的に読者に伝えることができる．しばしば模式図は，主要な結果をまとめるために「考察」の節で示される．

4.7　図を仕上げる

　レポート・論文を提出する際には図を仕上げることが必要だ．仕上げに何が必要かを，図 2.2 に示した東京の 8 月の気温の図を再掲して示そう（図 4.9）．図の本体のほかに，**x 軸ラベルと y 軸ラベル，図の説明文**が必要である．図に x 軸・y 軸ラベルを示さずに，図の説明文に，「x 軸は年，y 軸は気温である」と述べたり，図が自明だろうからと，**説明文をつけないのはレポート・論文では許されない**．軸ラベルに図示している内容とその単位を示す場合には，単位はカッコの中に入れよう．単位だけなら，カッコは不要である．**図のタイトル**は省略できるし，明示的に使わないよう指示している学術雑誌もある．とはいえ，図のタイトルがある方がやはりわかりやすいので，なるべく入れる方がよい．また軸ラベルに項目名を省き，単位だけ示すこともある．たとえばこの図であれば，図のタイトルから気温の図であることは明らかなので，y 軸の「気温」を省略して，単位の℃だけ（カッコは不要）を記してもよい．

線グラフでは，軸に数値が入ってさえいれば図で示している値がわかるのに対して，等高線グラフでは，等高線だけではその値がわからない．そこで，主な**きりのいい値の等高線**を太くして図の説明文でその値を記したり，一定の等高線に**数値ラベル**をつける，という方法を取る．また，カラーの塗りつぶしの図では，それぞれのカラーがどういう値に対応しているかを示す**カラー・バー**をつけよう．

　また，一つの論文中では，異なる図に共通性をもたせられる場合にはなるべくもたせよう．たとえば，ある図で相関係数が 0.4 以上のところに陰影をつけたならば，できるだけ他の図でも同じようにするべきだ．ある図で 0.4 以上の相関係数にハッチをかけ，他の図でより低い相関を拾い出すために 0.3 以上の相関係数にハッチをかけるのでは，二重基準（double standard）になってしまう．合理的な理由があって異なる基準を使う場合には，その理由を明示的に説明しよう．また，図の縦軸・横

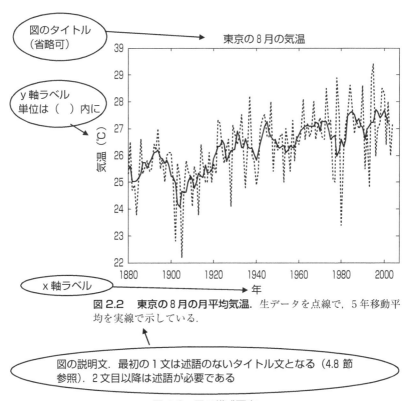

図 2.2　東京の 8 月の月平均気温．生データを点線で，5 年移動平均を実線で示している．

図 4.9　図の構成要素

軸が複数の図で共通であれば，図を重ねられるように同じ大きさで図を作る方がよい．図中にタイトルを入れるにも，フォントの種類と大きさをそろえ，統一された感じを出すことが望ましい．

レポートや卒論でカラー・プリンターが使えるのであれば，色を有効に使おう．色の使い方も，複数の図で統一感をもたせる必要がある．たとえば，同じ種類の図（たとえば気温分布のカラー塗りつぶし）であれば，同じ色が同じ値を示すようにする．

また，読者が色や線の種類に対して無意識にもっているイメージを上手に利用しよう．たとえば，温度分布を色で示す場合には，高温を赤系統で，低温を青系統で示す．一つの図中に複数の色の線を使う場合には，赤色を最も重要な意味がある線にすることが基本だ．白黒の場合は，太実線を最も重要な意味をもつ線とする．他の線種には，細実線，破線，点線，二重破線などがある．ただし，一つのパネルに入れることができる線の数は，多すぎて何が何だかわからなくならないように，ある程度の数に制限しよう．

4.8 図表の説明文の書き方

図および表には**必ず説明文をつける**．**図の説明文は図の下に，表の説明文は表の上に示す**．論文の草稿を他人に見てもらう場合にも，説明文は必ずつけてから渡そう．

図・表の説明文は，「図 1．北太平洋の海洋表面水温．等高線は 1 度毎，太い等高線は 5 度毎である．」のように，必ず図・表の番号からはじめる．図の番号は，論文を通じて図・表のそれぞれについて連続し（図 1，図 2，...，表 1，表 2，...），**本文に出現する順序**につけられる．つまり本文中で図 2 が図 1 よりも先に出現することはない．通常の長さのレポートや論文であれば，図や表は文章全体の通し番号とする．長い論文または本の場合は，「図 1.2」のように，「章番号．章内の図の番号」という番号づけも可能である．

また，一つの図（figure）の中に複数のグラフが示されることも多い．この場合，各々のグラフはパネル（panel）とよばれる．たとえば，図 4.1 は 12 枚のパネルからなっている．複数パネルを使う場合は，パネルごとに（a），（b）などをつけよう．そうすれば，本文中での言及にお

いてもどのパネルについて述べているのかを特定しやすいので，読者の理解も促進される．

　説明文の中で図・表の番号に続く第一文には，述語のない名詞句の形をとる文を使う．この**述語のない第1文をタイトル文**とよぼう．タイトル文では，その図でどういう量を示しているのかを簡潔に述べる．タイトル文に続く，**第2文目からは主語・述語のそろった通常の文**でなくてはならない．なお，一つの図が複数のパネルからなる場合には，図の説明の第1文以外にも，「(c) 温度」などというように，述語のないタイトル文をパネル毎に用いることができる．ただし，パネル毎のタイトル文を使うと，雑然としてわかりづらくなることもあるので，効果的な場合のみ使うようにしよう．

　タイトル文に続く主語・述語のそろった文で，より詳細な図の説明を行う．この説明では，等高線の間隔と単位，陰影が意味する値，線の種類や色の意味など，図を理解するうえで必要な情報をもれなく説明する．図の説明文は1段落であり，改行は途中に入らない．

　図の説明文でさらに，図の重要なポイントを説明することもある．これは，重要ポイントの説明は図と図の説明文だけを見て読者にもある程度メッセージが伝わるようにするためで，本文の記述とある程度重複してもよい．論文を読むかどうかを決める際には，まず題名を見て興味をそそられ，次に要旨を読んで何をしているかを把握し，そして図を見てどのような結果が得られているかの概要を理解してから，興味がもてる論文であるならば本文を読む，という順番で進むことが多い．したがって，図と図の説明文だけで，ある程度の情報は得られるようにする方がよいのである．このため，科学技術論文では一般に重複を嫌うにもかかわらず，図の説明文と本文との重複はある程度許される．

　なお，すでに出現した図と類似の図を使用する場合のタイトル文は「図3．　図1と同じ，ただし．．．．について．」という要領で書くことが多い．英語では，"Fig. 3. Same as Fig. 1, but for ……" となる．

4.9 図の割付

　最終的にレポートや論文を提出する場合には，図を紙の適切な位置に示さなくてはならない．これを図の割付という．

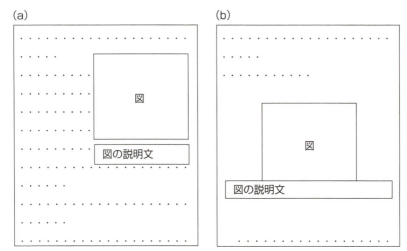

図 4.10　図の割付の二つの方法．雑誌では左の方法も使われるが，レポートや卒業論文では右の方法で十分である．

　まず，図をどこに置くかは，図と図の説明文を本文全部の後にまとめてつけるという研究論文を投稿する際によく使われる方法と，図と図の説明文を本文中の適切な場所に挿入するという印刷される論文で使われる方法とがある．実験レポートや卒業論文ではどちらを使ってもよい場合が多いだろう．しかし読者に親切なのはもちろん後者なので，できればこちらを使おう．

　図を文章中に挿入する場合には，図の左右にも本文がある形式と（図4.10 a），図の左右に本文がない形式（図4.10 b）とがある．格好がよいのは前者だが，多くの学術雑誌では手間の少ない後者を採用している．皆さんがレポート・論文を作成する際にも後者で十分だろう．この場合，本文と図・図の説明文との間には1，2行空けて，特に図の説明文と本文とは明瞭に区別できるようにする．なお，MS-Word で文章編集を行うと，ワープロ・ソフトが図の場所を思わぬところに移動してしまうことがある．これを防ぐには，段落と段落の間に図を入れ，図を右クリックして，「文字列の折り返し」→「行内」を選ぶとよい．

4.10　図表は自分でつくろう

　データを説得力のある図にまとめるのは，非常に重要な能力だ．皆さ

んが将来仕事のうえで何かを提案する場合には，その提案内容を図の作成を含めて簡潔にまとめられるかどうかが，成否のかなりの部分を占めるだろう．しかし，大学の授業でデータから作図する機会はあまりない．皆さんがデータから図を作る経験を積むうえで，実験レポート用の作図は貴重な機会を提供している．

残念なことに最近ではエクセルなどで図を作るために，1人の学生が作った図を，実験グループの他のメンバーがコピーする例が見られる．かつては手書きで方眼紙に書いていたので，そのままコピー機でコピーすれば，誰がオリジナルの図を作り，誰がコピーしたのかは一目瞭然だった．このために，コピー機でコピーして図を提出するということはほとんどなかった．エクセルなどで作られた図の場合は，ファイルをコピーしてもオリジナルと同じ品質の図が得られることと，図はグループの成果物ではないかという意識のために，図をコピーしてもよいだろうという気になるのだろう．

しかし他人の図をコピーすることは，せっかくの作図の機会を無駄にすることだ．この機会をむざむざ捨てるのでは，自分の作図能力を伸ばすことはできない．何回か経験を積めば，手早くよい図を作ることができるようになる．実験レポートの作成を通じて，作図の能力もぜひ伸ばしてほしい．

4.11 実験レポートの例

次ページから，実験レポートの一例をあげてみた．構成，文字，図表の配置，文章などを参考にしてほしい．

気温の日較差と日射量との関係：20XX 年 11 月の気象観測
氏名：レポート　太郎
学生番号 123456, e-mail: report.taro@scitech.ac.jp
所属：理学部・自然科学科
授業名：自然科学実験（担当教員，実験　花子教授）

提出日：20XX 年 12 月 23 日

要旨：20XX 年 11 月に，理学部屋上にて気象の連続観測を実施し，気温の日較差と日射量の関係を調べた．気温の日較差は，1日の積算日射量と強い関係をもち，その相関係数は 0.52 であった．また，日射量の大きい日と小さい日で区別すると，気温の日較差は 2.4 倍の相違があった．これらの結果は，日射量とそれが間接的に表現している雲量とが，気温の日周期変動に強い影響を与えていることを示している．

1．はじめに
　気温の日較差は，日最高気温と最低気温との差である．日較差は，日平均気温とともに，人間活動にも強く影響する．また，気温の日較差が大きいと，紅葉が鮮やかになり，ぶどうの糖度が高くなることが知られている．
　気温の日較差の大小は何によって決まるのであろうか？日較差が大きいとは，日中の気温が高く，夜間の気温が低いことなので，日較差の強弱には，日射量および雲量が強く関わっていることが予想される．すなわち，大きな日射量は日中の気温を大きく上昇させ，少ない雲量は効果的な放射冷却を通じて夜間の気温を一層下げるであろう．当然ながら日射量と雲量は独立ではなく，日射量が大きければ雲量が少なく，日射量が少なければ雲量が多いという関係が期待される．このことより，日射量が大きければ気温の日較差は大きくなることが予想される．
　そこで本実験では，日射量と気温の日較差との間に統計的に有意な関係が成り立っているのか，また成り立っているとすれば，その関係はどの程度の強さをもつのかを明らかにすることを目的とした．この実験では，気温と日射量を 3 週間に渡って連続観測することで両者の関係を調べた．雲量については直接観測を行っていないが，日射量の情報はある程度雲量の情報をも含んでいると仮定し（日射量大なら雲量小），本実験では日射量のみを扱うこととした．

2．観測
　観測は 20XX 年 11 月 1 日から 21 日において，理学棟屋上実験室で行った．測定には，自動気象観測システム，××社ウェザー・レコーダーを利用した．この自動気象観測システムは，気温・湿度・気圧・日射量・降水量・風向・風速を 1 分毎に測定し，パーソナル・コンピューターに記録する．1 分毎の測定値から 1 時間の平均値を求め，解析に利用した．気温の測定については，適宜水銀温度計の観測値と比較して補正を加えた．日射量については比較するべき観測データがないため，測定値をそのまま利用した．

3．結果
　まず，気温と 1 時間あたりの日射量の時系列を図 1 に示す．気温の日周期変動は，観測期間の前半に明瞭だが後半にははっきりしない．前半ではまた，日射量が強い時間に気温

が急激に上昇しており，日射が気温の日較差を生じさせるという仮説と整合する．したがって，日射量が気温の日周期変動の振幅に寄与していることが強く示唆される．

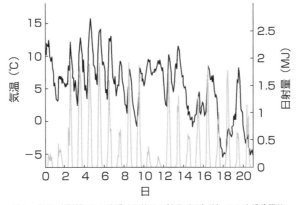

図1．気温（黒線）の1時間平均値と日射量（灰色線）の1時間積算値．

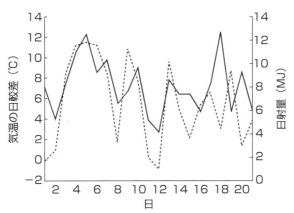

図2．気温（黒線）の日較差と日積算日射量（破線）．両者の相関係数は 0.53 である．

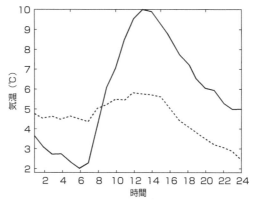

図3. 1日積算日射量が7MJを超える10日で平均した気温の日変動（実線）と，7MJ以下の11日で平均した気温の日変動（破線）．日射量が多い場合の日較差は，少ない場合の2.4倍である．

気温の日較差と日射量との関係を客観的に評価するため，各々の日について，気温の日較差と1日の積算日射量を求めた（図2）．両者は強い正の相関関係を示し，相関係数は0.52であった．この相関係数は，1日ごとのデータが独立との仮定の下で，信頼度98%で有意である．すなわち，日射量が大きいと，気温の日較差が大きいという関係が，ほぼ確実に成り立っている．

また，1日の積算日射量が7MJを超える日とそれ以下の日に分けて，各時間で平均して求めた日周期気温変動では，明らかに日射量が多い場合に気温の日周期変動が大きいという結果が得られた（図3）．日射量が多い場合の気温の日較差は，少ない場合の2.4倍である．

4. 考察

本実験では，気温の日周期変動と日射量との関係を，気象観測で得られたデータから見出した．日射量が多い場合に気温の日周期変動は大きく，日射量が多い日の日較差は日射量が少ない日の日較差よりも2.4倍大きかった．

日射量が気温の日較差と関係するのは，日中の日射と，夜間の放射冷却とを通じてであろう．ただし，後者については今回観測されていない（夜間の）雲量を，かわりに代表する指標として（日中の）日射量を用いている．もし夜間の雲量をも観測すれば，日射量だけを用いる場合よりも，日較差をさらによく説明することが期待される．

今回取り上げた日射量もしくは雲量以外に，気温の日較差に影響する気象要素には何があるだろうか？気圧には明瞭な日周期変動は見られず，総観規模擾乱と関係すると思われる，より長期の変動に支配されていた．一方，風速には日周期変動が見られ，0.5～2日の周期成分を取り出して風速と気温とを比較すると，両者の相関係数は0.44であった（表1）．この値は，気温と日射量の相関（0.60）よりも小さいが，風速と気温との間にも一定の関係を示唆するものである．

表1. 0.5〜2日周期成分の気温と,日射量,風速,東西風速,南北風速との相関係数

	日射量	風速	東西風速	南北風速
気温	0.60	0.44	0.14	－0.19

　気温と風速とが共通する日周期変動を示す理由には,気温変動が風速変動の原因であるのか,風速変動が気温変動の原因であるのか,それとも第三の変動が両者の変動の原因である,という3通りが考えられる.風速変動が気温変動の原因であるなら,日周期の海陸風が,比較的暖かい海上の空気を観測地点に運ぶということが考えられる.しかしこの場合は,日周期の気温変動は,東西風速または南北風速の変動とも相関関係をもつはずだが,そうした関係は見出せなかった(相関係数の絶対値は0.2以下).したがって,風速変動が気温変動の原因であるとは考えがたい.一方,気温変動が風速変動の原因となる可能性には,地上が暖まると大気が不安定になり,地上から約100 mまでの接地境界層よりも上空の風の影響が地表付近にも及ぶというものがある.このメカニズムによって風速の日周期変動が生じているかどうかを明らかにするには,接地境界層内の風速について,日周期変動の振幅の鉛直分布を観測する必要がある.

謝辞　厳しくもやさしく指導いただいたTAの懇切　太郎氏に感謝いたします.

参考文献
近藤　純正,2000,地表面に近い大気の科学.東京大学出版会.p.324.

第二部

実験レポート・卒業論文の文章
〜ぱっとわかる文章を〜

　第一部では，実験レポートと卒業論文の各々の節において，**何を書くか**を紹介したのに対し，この第二部では，**どう書けば**読み手が理解しやすい文章になるのかの技術を解説しよう．

　はじめから身につけてほしい技術は，節の題目の最初に☆を付けた．この☆で示されている内容は，それを使って文章を書くことを心がけ，できるだけ早く身につけよう．

第5章 わかりやすい文章とは

5.1 読んでわかるとはパズルのピースをはめること

　文章を理解するとは，どういう作業だろうか？文章を理解することは，書き手が伝えたいある概念を，読み手の頭の中に再構築することだ．この作業はたとえていうなら，一度に1枚ずつピースを渡すジグゾーパズルのようなものである．

　なぜ一度に1枚ずつかといえば，文章ははじめからおわりへ一方向に読み，1文ずつを脳が処理するためだ．一度に1枚ずつという点では，テトリスというコンピューターゲームを知っている人は，それをイメージするとよいだろう．

　またこのパズルゲームでは，パズルの作成者（文章の書き手）が大きな役割を果たす．パズルの全体の絵を書くのも，個々のピースを作るのも，パズルのピースを渡すのも作成者だ．作成者はピースを渡すだけでなく，ヒントも出すことができる．

　したがってわかりやすい文章とは，書き手の概念を容易に読み手が再構築できる，つまりピースをどんどんパズルにはめ込むことができる文章だ．いくつものピースを解き手が受け取ってからでなければ，どこにはめるのかわからない，というのでは困る．自分がどういうピースをも

っているのかを，すぐに記憶できなくなってしまうのだ．

　人間は膨大な情報を記憶できるが，文章を理解する際に主に使うのはごくわずかの容量しかもたない**短期記憶**だ．記憶には，大きくは短期記憶と長期記憶があると考えられている．短期記憶はすぐに憶えられる一方すぐ忘れる記憶であり，長期記憶は短期記憶が定着して長期間憶えている記憶である．短期記憶の数は人にもよるが，**おおよそ7±2程度**といわれている．

　読み手は概念構築ができるまでは（パズルのピースがはまるまでは），文がもつ情報を短期記憶に蓄える．この際，読み手がもつ短期記憶以上の情報を与えてしまうように文章が作られていたら，その文章を理解してもらえる望みはない．短期記憶にとどめるべき情報が少なければ少ないほど，つまりどんどんパズルのピースがはまるほど，読み手は負担が少なくなるので，正確に文章を理解することが期待できる．

　以下では，この第二部の後の章で，どういう内容を説明するのかをパズルゲームになぞらえて紹介しよう．

5.2　上手に予測させる

　文章自体をわかりやすくするには，読者にうまく予想させることが重要だ．文章を読み進むと，読者は無意識のうちにその先がどう発展するかを，それまでに読んだ文章を手がかりとして予想する．したがって，読者の予想をうまくリードして，楽に正しい予測ができるようにすることが，わかりやすい文章では書かせない．

　パズルのピースを渡す際にあらかじめグループ分けして，「次から橋のそばに立っているレンガ色の建物のピースを渡します」とヒントを出せば，ヒントをもらっていないのに比べて，はるかにピースをはめやすいだろう．このように，「これから...のピースを渡します」とヒントを出すのが，段落の最初の文の役割である．この文を**トピック・センテンス**あるいは**主題文**という．もちろんヒントと違うピースを渡せば，解き手は混乱する．したがって，ヒントの後に出すピースは，ヒントと合っているものしか出せない．同様に，段落には，トピック・センテンスで引き出される内容しか置けないのだ．トピック・センテンスについては，第6章で詳しく述べ，論文やレポートで使える例も示す．

もう一つの予測させる方法は，同じ内容を同じ形式で示すことだ．たとえばパズルをやっている最中に，赤い柱，黄色い柱，青い柱と同じような大きさの柱が出てくればやりやすいだろう．このように同じ内容を同じ形式で述べることを，**並列性**（パラレリズム）という．昔話は口頭で伝承されたために，並列性をまもって記憶しやすくしている例が多い．皆さんも知っている，大きなかぶというロシアの昔話がその好例である．肝心な点が伝わるようにちょっと変えて引用しよう．

> **例** おおきなかぶがありました．おじいさんが引っ張っても抜けません．おじいさんはおばあさんを呼んで来ました．うんとこしょ，どっこいしょ，それでもかぶは抜けません．おばあさんは娘を呼んで来ました．．．．

という調子で延々と続いていく．これは，同じ形式で同じ内容（誰かが誰かを呼んでみんなで引っ張ってもかぶが抜けない）を繰り返しているので，非常に理解も記憶もしやすくなっている．並列性については，第7章で説明しよう．

5.3　近くのピースを渡す

　パズルのピースを渡す際に，てんでばらばらに渡されたのでは，どんどんはめるなどとは到底おぼつかない．なるべく渡すそばから組めるように，前に渡したピースのすぐそばのピースを渡さなくてはならない．ジグゾーパズルをやったことのある人ならわかるように，すでに埋まっている隣は，周りのピースが手がかりになるので埋めやすいものだ．一方，周囲がぜんぜんできていないところのピースを渡されても，正しい場所には置けないので手に持っているしかない．一つのピースを手に持つということは貴重な短期記憶が一つふさがってしまうということなのだ．逆に次々とはめられるなら，すぐにまた全部の短期記憶を使うことができる．

　文章でも，新しい文は前の文と関係づけなくてはならない．関係づけるには，「したがって」などのみちしるべの語を使う方法と，「この」などの指示語を使って二つの文の関係をわかりやすく示すという方法とが

ある．これらの方法は第 8 章で説明しよう．

5.4　個々のピース（文）を明快に

　たとえ予告をしたうえで，すでに渡したピースのそばのピースを渡したとしても，ピースの柄がはっきりしないとはめ込むことは難しい．たとえば，海や空の部分は似たような色合いが延々と続くので，ジグゾーパズルでは難しい部分だ．そこで一つ一つのピースの形や模様をはっきりさせる必要がある．これは文章でいえば，一つ一つの文のもつ情報が明快であるということである．このためには，まず一つの文がもつ新しい情報を一つにしたうえで，それをはっきりと表現する必要がある．

　その他にも個々の文を明快にする方法はいくつかある．たとえば，主語と述語を略さずに書く，客観的な文体と用語を使う，意味の狭い用語を使う，などである．これらの個々の文を明快にする方法は第 9 章で述べよう．

5.5　解き手（読み手）のやる気を引き出す

　最後に重要なのは，パズルの解き手にやる気を出してもらう，つまり文章でいえば読み手に興味をもって読んでもらうことだ．人間は積極的な気持ちをもってやっていると，なにごとも効率が上がる．いやいややると，効率は下がる．文章を読むのでも興味をもって読んでもらい，その興味・関心を切らさないようにすることが大事だ．

　興味をもってもらうには，まずパズルの解き手がダラケないように，面白いところからはじめたい．文章でいえば，重要なことを先にもってくることになる．大事なことを読めば，その他の内容をも読もうという気持ちがぐっと高まる．

　さらに興味を切らさないように，歯切れよくゲームを進めたい．これは個々の文を，力強いものにすることに対応する．これらのポイントは第 10 章で述べよう．

第6章 トピック・センテンスで予想させる

　わかりやすい文章を書くうえでは，個々の段落をどう構成するかがとても大事だ．段落は文章の階層では中ほどに位置する．実験レポートや卒業論文は，複数の節（または章）をもち，各節は複数の段落からなり，段落は文から構成される．この要の位置にある段落がしっかりしている文章は，その段落を支える個々の文に多少難があってもおおよそ文章の意味が通じる．逆に，個々の文がきちんとしていても段落の構成が悪ければ，その文章が何をいっているのかを読者は理解できないだろう．

　段落を構成するうえで，最も重要な役割を果たすのがトピック・センテンスである．トピック・センテンスを説明するこの章は，この本の内容の中で最も重要な章である．

6.1 ☆段落の最初はトピック・センテンス

　段落は一つの主題（トピック）について展開される**意味のまとまり**である．つまり，段落はばらばらな文を集めて改行で区切ったものではなく，ある主題についての説明を展開するもので，その一連の説明が終わるところで改行し，意味のまとまりの終わりであることを示すのだ[※3]．

　わかりやすい段落を書くうえで非常に重要なのが，その段落で何を述べるかをなるべく段落の最初の方で読者に知らせることだ．この働きをもつ文を**トピック・センテンス（主題文）**という[※4]．トピック・センテンスは通常**段落の第1文に置かれ**，その段落の内容を引き出す働きをする．トピック・センテンスで引き出される範囲で段落を構成し，それか

[※3] この意味でテクニカル・ライティングの本では，段落のことをパラグラフと書いている本が多い．しかし段落という日本語がありながらパラグラフという語を用いるのは，普通の段落ではなく，特別な段落をパラグラフとよんでいるかのようだ．そうではなく，理系や仕事・実用の世界では，皆が書く普通の段落が意味のまとまりであるべきだ．そこで本書では単に「段落」と書いている．

ら外れるものには別に段落をあてるか削除するのが，わかりやすい段落の構成方法である．つまり，一つの段落ではトピック・センテンスで示される一つの主題（トピック）について述べる．**1段落は1トピック**と覚えよう．

トピック・センテンスの書き方には大きく分けて，段落の中身を引き出す**引き出し文**と段落の結論までを含めた**要約文**の二つがある．

引き出し文の例として，

 本研究で用いた数値モデルは，現実的ではないいくつかの仮定を用いている．

という文が，段落の第1文にきているとしよう．この文から，それらの仮定がどのように数値モデルの結果に影響を与えているのかが，その段落において議論されることが予想される．さらに議論の方向性もだいたい予測できる．もしその影響が重大であるのであれば，「したがって，将来の研究において，より現実的なモデルを用いる必要がある．」という結論が導かれるだろう．あるいはその影響が重大でないのであれば「したがって，これらの仮定は現実的ではないが，その影響は小さく，本研究は十分に意義のある結果を与えている．」という趣旨の結論が，この段落において提示されるであろうと予想される．このように，有効なトピック・センテンスを提示することは，読者に正しく予想させ，理解を助けるうえで非常に有効だ．

上のトピック・センテンスに代えて**要約文**をトピック・センテンスとするなら，

 本研究で用いた数値モデルで用いられたいくつかの現実的ではない仮定は，数値計算結果に重要な影響を及ぼしてはいない．

と書ける．一般に，要約文の方が引き出し文よりも段落の中身を理解す

※4 トピック・センテンスはアメリカでは小学生でも教えられるらしい．恥ずかしながら私は投稿論文が思うように書けないので，書き方をいろいろ調べて，20代も末にはじめてトピック・センテンスという概念があることを知った．トピック・センテンスを意識することで，やっとある程度他人が理解できる英語が書けるようになったのではないかと思っている．

るのは簡単だ．しかし要約文をトピック・センテンスにあてるのが困難な場合があることと，要約文ばかりでは文章が一本調子になりすぎることから，要約文と引き出し文という2つのトピック・センテンスとを適切に使いこなそう．

よいトピック・センテンスとそれに対応した段落からなる文章は，**トピック・センテンスを拾い読みするだけで，その文章全体の概要を知ることができる**．トピック・センテンスを斜め読みすることは，速読の基本的なテクニックでもある．段落を書いたら，各段落の内容をトピック・センテンスがきちんと引き出しているか，異なる段落のトピック・センテンスは全体として論理の流れをきちんと作っているかをチェックしよう．

もし皆さんがトピック・センテンスを書くのに不慣れだとしても，そこそこのトピック・センテンスを書けるように，次の節から実験レポートや卒業論文の具体的なトピック・センテンスの例を示そう．実験レポートや研究論文にかぎれば，よく使うトピック・センテンスの形がある．そういう形から入ることで，理系文章の初心者でもすばやくトピック・センテンスの感覚をつかみ，自分のものとすることができるだろう．よいトピック・センテンスが書けるようになれば，すぐによい文章が書けるようになる．

6.2 実験レポートの「はじめに」のトピック・センテンス

実験レポートの「はじめに」の内容はすでに述べたように，「背景」「目的」「実験内容の概要」だ．

背景説明は，実験対象を主語として，性質の説明や定義の記述を行うトピック・センテンスからはじめるとわかりやすい．

以下の文中で▷はトピック・センテンスの基本形を示す．「例」とあるのは，その基本形を具体的に書いたものである．

> ▷（実験対象）は，．．．である．（性質の説明）
> ▷（実験対象）とは，．．．．である．（定義の記述）

たとえば，重力測定であれば，重力を主語として

> **例** 重力は，地球上のすべての物体の運動に大きな影響を及ぼしている．（性質の説明）

からはじめて，重力の性質や役割を述べることができる．あるいは定義であれば

> **例** 重力とは，すべての質量をもつ物質が相互に引き合う力である．（定義の記述）

とすることができる．これらの文はまた，重力が基本的かつ重要な現象であることをも説明している．より一般に重要性を説明したい場合にどういうトピック・センテンスが使えるかは，次の節で説明しよう．

目的の提示には，目的を提示するトピック・センテンスからはじめるとよい．最も簡単なのは，すっきりと，

> ▷本実験の目的は．．．．である．

という文をトピック・センテンスにすることである．この形でなくてもいいが，「目的」という語を入れておく方が，目的提示の文であることがわかりやすい．

目的提示に続く実験内容の概要は，目的提示が短く終わるなら（たとえば 1 文だったりすれば），目的提示の段落に含め，目的提示がある程度長いなら，別段落にする．いずれにしても，たとえば，

> ▷そこで本実験では，．．．．を行う．

という文から記述することができる．

このような表現を使って，「味噌汁の対流実験」という仮想的な実験の「はじめに」の例を次に示す．

> **例** 対流とは，流体の密度が上部で重く下部で軽い場合に，重い流体が下降し，軽い流体が上昇する流れである．大気中の対

流は，夏季に生じる積乱雲の発生にも重要な役割を果たしている．また，身近な例では，椀によそった味噌汁が表面から冷やされて対流する様子を，味噌の粒子の運動として見ることができる．

　本実験の目的は，対流現象に関する理解を深めるために，味噌汁椀中の対流の温度依存性を調べることである．そこで本実験では，味噌汁の様子をビデオで撮影し，コンピューターで処理して，表面速度分布を求め，その速度分布と初期温度との関係を明らかにする．

6.3 卒業論文の「はじめに」のトピック・センテンス

　卒業論文など，研究論文の「はじめに」は，一般に次のように構成する．ただしそれぞれのポイントにあてる段落の数は，一つの目安である．

> 1) 比較的広いテーマの重要性を主張するのに1段落
> 2) 関連研究を紹介するのに数段落
> 3) 既存研究で不十分な特定の問題を説明するのに1段落
> 4) 研究の目的と内容の概要を説明するのに1段落
> 5) 論文の構成を紹介するのに1段落

短い論文の場合は，「はじめに」も短くするために，たとえば (1) と (2)，(3) と (4) を合わせて1段落ずつ，(5) は省く，などとして長さを切りつめる．

　すでに1.5節，2.5節で述べたように研究テーマの**重要性の主張**は，多くは以下の二つの方法のどちらかを使う．一つの方法は，そのテーマについて，**多くの研究がなされている**と述べることだ．多くの研究者が取り組んでいるなら，重要なテーマであると読者が納得できる．

> ▷最近 ... に，注目が集まっている．
> ▷ ... について，多くの研究がなされてきた．

もう一つの方法は，直接扱うテーマが**他の重要なテーマに波及**することを述べることだ．たとえば，次のようにする．

> ▷ ... は ... に大きな影響を与えることが報告されている．
> ▷ ... は ... を理解するうえでも重要である．

重要性を主張するだけでなく，研究論文では過去の研究を紹介するためにも，複数の段落で関連する過去の研究を述べることが一般的だ．この場合，段落毎に意味のまとまりをもたせるために，なんらかの基準で論文をグループに分ける．グループを分ける方法は，ある仮説を支持する（しない）論文グループと，研究手法ごとの論文グループ，研究の発展段階ごとの論文グループなどがある．

上のように比較的広いテーマについて重要性を述べた後に，**特定の問題**についてまだ研究が**不十分**であり，またその問題を明らかにすることが重要であることを述べる．このために一番簡単なのは，「**しかし＋否定文**」のトピック・センテンスからはじめることだろう．

> ▷ しかし，... は十分に理解されていない．
> ▷ しかし，... についてはいまだ研究がなされていない．
> ▷ しかし，... の矛盾は，まだ解決されていない．

「しかし＋否定文」は，その前までの重要性の主張から，話題が変わったことを読者に知らせるサインになっている．もちろん，「しかし＋否定文」以外のトピック・センテンスからはじめることも，次の例のように可能である．

> ▷ したがって，... を行うことは，明らかに重要である．

ただしこの内容は，従来行われていないことでなくては意義がないので，やはりこの文も研究が不十分であることを暗に意味している．

このように研究が不十分な特定の問題を示した後に，何が目的で，そのために何を行うのか，つまり研究目的と研究内容の概要を明瞭に書く．

▷ したがって，本研究の目的は，... を明らかにすることである．
▷ このために，本研究では... を行う．

この研究目的と研究内容の提示にもってくるために，「はじめに」の節があるといってもいい．

　通常の長さの論文では，「はじめに」の最後に，論文の構成を述べることが一般的だ．そのトピック・センテンスは次のようになる．

▷ **本論文は，以下のように構成されている．** 第2節では，データと解析の方法を述べる．第3節では，.......を，考察を第5節で述べ，結論を第6節で示す．

6.4 「研究方法」のトピック・センテンス

「研究方法」では，何を使ってどう行ったのかを説明することが主となる．

▷ .... を利用した．（利用したもの・手法を述べる）

本研究で解析に用いたのは，次の三つのデータセットである．
本研究では数値計算モデルを利用した．
本研究で用いた主要な解析手法は，... である．
本研究では，北海道大学で開発されたラム肉検出器を用いた．

▷ .... を行った．

本研究では，降水量データの統計解析を行った．
1995年10月5日に，北海道札幌市で次の観測を実施した．

「研究方法」は最も書きやすい節だといわれており，この節から書き出す研究者も多い．皆さんも筆が進まないなら，まず「研究方法」を書いて勢いをつけてみよう．

6.5 「結果」のトピック・センテンス

「結果」では，図を中心に説明することが多い．したがって，図を中心にすえるトピック・センテンスは利用価値が高い．まず，図がどういう**量**を示しているかを述べるトピック・センテンスがある．

> ⛴図は，... を示している．（図示している量が何であるか，を示すトピック・センテンス）
>
> 例　図 2.2 は，東京の 8 月の気温の過去 120 年間の変化を示している．

このトピック・センテンスは，6.1 節に説明した二つのトピック・センテンスの型でいえば引き出し型だ．一方，要約型のトピック・センテンスでは，図の意味するところを述べる．

> ⛴図は，... であることを示している．（図の**意味**を示すトピック・センテンス）
>
> 例　図 2.2 は，東京の 8 月の気温が，過去 120 年間全体として上昇してきたことを示している．

どちらの場合も，段落の中で図の主要な特徴を必ず説明する．特徴の説明は大局からはじめて，細部に移るのが一般的だ．その方が読者がよくわかる．主張したい論点が大局ではなく詳細にある場合にも，大事だからといきなり詳細を前に出すのではなく，大局から詳細への流れはまもりつつ，詳細の**重要性が明らかになるように表現を工夫**しよう．

> 例　図 2.2 は，東京の 8 月の気温の過去 120 年間の変化を示している．すでに知られているとおり，長期的な気温の上昇が見られる．興味深いことに 20−30 年間の平均的な傾向としては，1910 年から 1930 年にかけて最も顕著な昇温が見られる．

ここでは下線を引いた「すでに知られているとおり」が，新しいことに意味がある研究においてこの文の情報は重要ではない，というサインに

なっている．一方，「興味深いことに」が，その前の文よりもこの文の内容が重要であることを意味している．

　解析や実験の方法についての短い記述を，「結果」の節で述べることもある．こうすることで，それらの短い記述が「方法」の節で浮いてしまうことを防ぐ一方，何を行って何が得られたかを連続して述べることでわかりやすくもなる．この場合には，何を行ったかを引き出し文として述べるトピック・センテンスもよく使われる．しかし「結果」の節では，なるべく結果自体の記述から離れたくないので，方法を述べるのはできるだけ手短にして，早く結果の記述に移るように心がけよう．

> ☝（．．．を知るために）．．．を行った．
>
> 例　日本各地の100年間の気温データそれぞれについて，エル・ニーニョの代表時系列との相関係数を計算した．相関係数は最大で．．．．

　また，すでに説明した結果を受けて，一層の検討をすることもある．

> ☝．．．を検討しよう．
>
> 例　次に図8に見られる．．．．が，．．のデータから支持されるかどうかを検討しよう．（この後に検討結果の説明を行う）

6.6　「考察」のトピック・センテンス

　考察の節を結果のまとめからはじめるのはよく行われる．その場合，次のようなトピック・センテンスが使える．

> ☝本研究では．．．．を明らかにするために，．．．を行った．

ただし，まとめといっても結果をただまとめるのではなく，なるべく一般的な視点に立つようにしよう．考察は2.8節で述べたように，「個別から一般へ」の観点をもつべきだからである．

　「個別から一般へ」の説明を明示的に行うには，次のようなトピック・

センテンスが利用できる.

> ⓟ従来... と考えられてきたのに反して（引用文献），本研究の結果は,... であることを示している.
> ⓟ本研究で得られた,... は... の理論で説明できる（またはできない）.
> ⓟ本研究の結果は,... に重要な意味をもつであろう.

また，残された問題点の指摘を行う場合がある．そのトピック・センテンスはたとえば次のようになる．

> ⓟ残された課題は.... である.
>
> 例　哺乳類においては，2本鎖RNAが遺伝子発現を制御するこのことに関して残された課題は，個々の2本鎖RNAがどのような機能をもっているかを解明することである．
>
> 　生体内で様々な遺伝子の発現の調節を行っていると推定されている小さな二本鎖RNA（miRNA）は，最近の実験結果から，哺乳類の細胞内に約250個存在すると考えられている．
>
> 　これらの250個存在するというmiRNA全ての機能の解明は，生体の遺伝子調節メカニズムと遺伝子と遺伝子のネットワークの解明につながると考えられるが，ほとんどのmiRNAについて解明はまだ進んでいない．[※5]

卒業論文では難しいかもしれないが，この残された課題の指摘は，やはり**その研究を行った者だけが書ける**ことが望ましい．誰でもいえるようなこと，たとえば，「さらに精度を上げるには，より多くの実験が必要である．」という程度であれば，あまりに通り一遍だ．誰でも考えつくことであり，読んでも読者にとって有益な情報にはならない．これなら書かない方がいい．

※5　伊藤裕子：「遺伝子サイレンシング研究の動向」，科学技術動向（2004）6月号

第7章 並列性で予想させる

7.1 並列性をまもろう

　まず図 7.1 の図形の配置を覚えてみよう．この図形の配置は規則的なので，どういう配置かすぐ理解できるし，一見して記憶もできる．次に図 7.2 の配置を覚えてみよう．この配置は不規則なので，どういう配置であるかを見て取るのも難しいし，多少じっくり見ても記憶するのはまず無理だろう．

　図 7.2 の図形を記憶できないのは当然だ．ここには 9 個の図形が並んでいて，形の出現順と色の出現順を覚えようとすれば 18 個の情報を記憶することになる．これは前で述べた，人間の短期記憶の量である 7±2 個を大きく上回っている．一方，図 7.1 の図形を理解しやすいのは，そこに規則があるからだ．この図形の配置は，

・右から左に 1 列ずつ，○，△，□の順．
・上から下に青，赤，緑の順．

というルールで完全に特定できる．つまり皆さんの脳は，一つ一つの配置を覚えているのではなく，無意識にルールを抽出し，それを理解し記憶するのだ．そのために規則的な配置はすぐ理解できるのだけれど，不

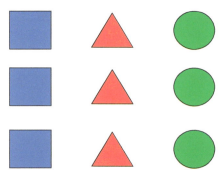

図 7.1　規則的で覚えやすい図形の配置

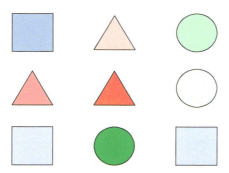

図 7.2 不規則で覚えづらい図形の配置

規則な情報は理解することが難しいのである．

並列性（パラレリズム）は，複数の情報を提示する際に，同じ形を取るという書き方のルールである．並列性をもたせると，その規則を脳が無意識に読み取るので，格段に理解しやすくなる．

並列性を保つためには，1）並列的に提示できるように**内容**を整え，2）それを並列性をまもった**形式**で記述する．つまり，内容と形式の両面の並列性をまもることが必要だ．

並列性はさまざまなレベルで使うことができる．具体的には，節と節，段落と段落，段落の中の**文と文**，文中の**語句と語句**に使うことができる．特に段落の中の文と文，文中の語句と語句の並列性をまもろう．このレベルの並列性をまもることで，読むのがだいぶ楽になる．逆にこのレベルで並列性がまもられないと，読み手は何かおかしいと感じる．段落と段落の並列性は，「第一に」「第二に」と**段落ごとに列挙**する場合と，**二つの段落で対比**する場合に特に有効である．対比を明確にするには，後の段落を「一方」からはじめるとよい．節と節の並列性をまもることは，目次から文章の全体像を把握するのに有効である．以下各レベルの並列性について，例をあげて説明しよう．

7.2　節の並列性

たとえば次の節の題名は，内容・形式ともに並列性がまもられている．

　3.1　気温変動
　3.2　降水量変動

3.3　気圧変動

同じ内容でも，形式が次のように並列性をまもっていなければ，読者は並列性を読み取ることが難しくなる．

3.1　気温変動
3.2　降水量はどのように変化したか
3.3　気圧の時間変化

逆に形式が同じでも，次の例のように，内容について並列性がまもられていない場合もある．

3.1　北米の気候変動
3.2　南米の気候変動
3.3　韓国の気候変動

この例では，北米，南米という大陸が最初の二つではあげられているのに，3番目では韓国という国があげられているので，これを読むと「なにかおかしいな」という感覚を読者がもつ．

7.3　文の並列性

　文と文とに並列性をもたせる議論の展開で，特に有効なのが**総ざらい列挙**だ．総ざらい列挙は，考えられる可能性をすべてあげたうえで，議論を深める方法である．特に原因が何であるのかを議論する際に，総ざらい列挙は強力だ．具体的な例をあげよう．

> 人為活動起源の気候変動には，主に3つの原因があげられる．第一は，温室効果ガスである．二酸化炭素を代表とする温室効果ガスは，過去数千年間で最も顕著な20世紀の地球の気温上昇の原因であろうと考えられている．第二は，エアロゾルである．エアロゾルは太陽放射を反射して地球を冷やす一方，吸収して地球を暖める効果もある．エアロゾルは，全体

> としては地球を冷やすように働いていると考えられている．
> 第三は，フロンガスによるオゾン層の破壊である．成層圏におけるオゾン層破壊は，直接的には地上への紫外線量の増大をもたらすほか，成層圏の温度構造を変えることで地上の気圧や風にも影響する可能性が指摘されている．

このように総ざらい列挙では，形の上で並列性をまもった形式をとり，構造をわかりやすくすることが重要である．ここでは，「第一（二，三）は，．．．．である．」という同じ形式で項目をあげ，その後に1・2文で補足情報を説明するという形式でそろえている．たとえば，同じ情報でも次のように並列性をまもらないで書くと，はるかに情報を読み取りづらくなってしまう．

> ✗ 人為活動起源の気候変動には，主に3つの原因があげられる．第一は，温室効果ガスである．二酸化炭素を代表とする温室効果ガスは，過去数千年間で最も顕著な20世紀の地球の気温上昇の原因であろうと考えられている．フロンによるオゾン層の破壊も，気候に影響を与えた．成層圏におけるオゾン層破壊は，直接的には地上への紫外線量の増大をもたらすほか，成層圏の温度構造を変えることで地上の気圧や風にも影響する可能性が指摘されており，これが第二の原因である．さらに，人為起源のエアロゾルが第三の原因であり，太陽放射を反射・吸収し，全体としては地球を冷やすように働いていると考えられている．

総ざらい列挙の議論がどれくらい有効かは，全体をどれだけ**モレがない**（取り残しがない），また**ダブリがない**（重複がない）ように分類できるかにかかっている[6]．まず，ダブリについて考えよう．たとえば，「小学生」「中学生」「高校生」という分類は，ダブリがないので（モレもない），よい分類である．一方，「小学生」「中学生」「サッカー部員」と区分すると，サッカー部に属する中学生は，中学生という分類にもサッカ

※6 モレやダブリのない説明については，バーバラ・ミント著「考える技術・書く技術—問題解決力を伸ばすピラミッド原則」に詳しく述べられている．

一部員という分類にも該当するので，悪い分類になっている．さすがにこれだとすぐ変だと気がつくけれど，レポートや卒業論文で扱う内容では，しっかり考えないとダブリが生じてしまう．たとえば，この100年間上昇している東京の気温についてその原因を考えるとしよう．思いつくところでは，「ヒートアイランド」「地球温暖化」「都市化」などがあるだろう．しかし，ヒートアイランドは，都市化の結果生じるのだから，両者はダブっている．

　モレについては，対象によっては完全にモレなくできる事項もあるし，そもそもそれは無理だという場合もある．たとえば，授業時間にある学生が現れなかったとしよう．この現象は，遅刻か欠席のどちらかであり，その範囲ではモレはない．しかし，遅刻や欠席の可能な原因をモレなく列挙することはできないだろう．思いもよらない原因もあり得るのである．上のよい例では，「主に」を「3つの原因」の前に置くことで，著者の考えとして問題にする必要があるのはこの3つであるという立場を示している．その著者の立場を認めるなら，その限定ではモレがないことになる．このように，総ざらい列挙では，しばしば限定をつけることが必要になる．

　モレのない議論を卒論やレポートで扱う事項について行うには，専門的な知識が必要になる．それを学部学生が独力で身につけるのは簡単ではないだろう．そこで，教員をうまく使おう．たとえば卒論の指導教員に「この原因には何があり得るのですか？」と聞けば，喜んで教えてもらえるはずだ．

　うまくモレとダブリをなくして総ざらい列挙にもちこめるなら，非常にキレのいい議論ができる．総ざらい列挙で議論ができないかどうか，考える癖をつけることをすすめたい．

　なお，総ざらい列挙では**分類が3つ程度**，多くても5つ程度に収まることが必要だ．あまり多くなると，相互の関係が頭になかなか入らないのである．

7.4　語句の並列性

　語句の並列性で気をつけたいのは，英語のandでの接続に相当する，「…と…」である．たとえば，

> ❌ 実験結果と，理論で推定された値を比較すると...

という文は，

> ⭕ 実験値と理論値を比較すると...

と書く方が，並列性が高くなる．このように，「理論と実験」「時間と空間」というように，可能なかぎり並列性の高い組み合わせを選ぼう．「...と...」が出てきたら，並列性がまもられているかどうかをチェックし，まもられていなければ並列性を高めることができないかを考えよう．

第8章 スムーズな配置

8.1 ☆関連する情報を一つの段落に

　レポートや論文の第一草稿では，関連する情報が文章のあちこちに散らばりがちだ．こういう文書を読むと，関連情報が2回目に出てきた時に，「なにか似たような話を何ページか前でも読んだぞ」という漠然とした印象を読者はもつ．漠然とするのは，最初に出た情報を2回目の情報の出現まで，しっかり覚えてはいられないためだ．したがって，今読んでいる情報の何が新しいのかは，前の情報を読み返さないかぎりわからず，フラストレーションがたまる．新しい情報が何であるのか，つまり渡されているはずのパズルのピースが何なのかがはっきりしないのだ．

　こういう事態を避けるために，一通り原稿を書いたら，必ず分散した情報がないかどうかをチェックしよう．重複があればできるだけ特定の場所にまとめ，そこに入らない文章は思い切って削除する．特に，しばしば見られるのは，「はじめに」であまり重要ではないことを前置きして，かなり後の「結果」や「考察」でそれを受ける内容が出てくる場合である．こういう場合，前置き部分はそれを受ける内容が出現する場所に移動する方がよい．また関連事項が他の場所にどうしても出てくる場合は，「前述の」や「後で述べるように」を入れて，関係を明示しよう．

8.2 ☆道しるべの語

　段落の論理構造を明確にするには，段落を構成する文と文との関係が明確になっていなくてはならない．この際，道しるべとなる語を使うとよい．道しるべとなる語とは，「したがって」などのように文と文との関係を示す語句だ．代表的な道しるべには次のようなものがある．

表 8.1　道しるべになる語句と，その機能

機能	語句
直前の文と整合的	「したがって，」「それゆえに，」「このことと整合的に，」
直前の文と逆	「しかし，」「しかしながら，」「一方，」「他方，」「それと対照的に，」
直前の文に加えて	「さらに，」「それに加えて，」「また，」「ただし，」「なお，」「たとえば，」
離れた文との関係	「上で述べたように，」「前述の」「後に示すように，」
結論を引き出す	「これらの結果から，」「ゆえに」

道しるべがないと，文と文がぶつ切りになって，どうつながるのかを読者が判断できなくなってしまう．悪い例を示そう．

> ✗ 気圧や水圧をもたらすのは，観測地点より上の大気や海洋の全質量である．高度 0 m に 1 気圧をもたらすのは，その上の大気すべての質量である．海洋や湖で 10 m 潜れば，1 気圧の水圧が加わる．10 m の厚さの水の質量と，大気全層の質量は等しい．水の密度が約 1000 kg・m^{-3} であって 1 平方メートルの面積と 10 m の厚さをもつ水柱の質量は 10,000 kg（10 トン）であるから，大気の全質量も 1 平方メートルあたり 10 トンである．大気の全質量の 3/4 は，高度約 10 km までの対流圏にある．

上の例文に「たとえば」「一方」「すなわち」「したがって」の語句を入れ，文章がうまく流れるようにすると次のようになる．

> ◯ 気圧や水圧をもたらすのは，観測地点より上の大気や海洋の全質量である．<u>たとえば</u>，高度 0 m に 1 気圧をもたらすのは，その上の大気すべての質量である．<u>一方</u>，海洋や湖で 10 m

> 潜れば，1気圧の水圧が加わる．<u>すなわち</u>，10 m の厚さの水の質量と，大気全層の質量は等しい．<u>したがって</u>，水の密度が約 1000 kg・m^{-3} であって1平方メートルの面積と 10 m の厚さをもつ水柱の質量は 10,000 kg（10 トン）であるから，大気の全質量も1平方メートルあたり 10 トンである．<u>なお</u>，大気の全質量の 3/4 は，高度約 10 km までの対流圏にある．

なお，この例では2文目以降すべての文に道しるべの語をつけたが，実際には次の節で示す方法と併用することで，特に必要のある文にだけ道しるべの語をつければよい．

8.3　☆関連情報は近づける〜既出は前へ

前の節の道しるべの語と並んで，段落の中の文と文との関係をつなぐ重要な方法は，複数の文に共通して出現する語句をなるべく近づけて配置することだ．たとえば，次の文は悪い例である．

> ✗　<u>ワープロ</u>で文章を書くことと<u>手書き</u>とでは，修正にかかる労力が全く異なる．1行削除，あるいは挿入した際には，その後に続く段落を1行上下させるために書き直したり，切り貼りをする必要が，<u>手書きの場合には</u>あった．挿入するための文を直接打ち込んだり，選択して削除キーを押せば，挿入・削除ができ，それにつれて他の文字や段落が自動的にその位置を変えてくれるのは<u>ワープロ</u>ならではである．

この文章では，第1文で点線下線を付けた，「ワープロ」と「手書き」が，後の第2・3文に出てくる．しかし，その場所が文の後方であるために，その既知の情報が出るまで，読者は文の前半にある情報を位置づけられず，短期記憶に留めておかなくてはならない．つまり2文目の「手書きの場合には」が出てくるまで，読者は読みながら「何についていっているのだろう？」とイライラしつつ，わかりづらさを感じる．これらの**既出の情報を文の前の方**に動かすことで，ずっと読みやすい文になる．

> ○ <u>ワープロ</u>で文章を書くことと<u>手書き</u>とでは，修正にかかる労力が全く異なる．<u>手書き</u>の場合には，1行削除，あるいは挿入する際には，その後に続く段落を1行上下させるために書き直したり，切り貼りをする必要があった．一方，<u>ワープロ</u>では，挿入するための文を直接打ち込んだり，選択して削除キーを押せば，挿入・削除ができ，それにつれて他の文字や段落が自動的にその位置を変えてくれる．

改善例にあるように，既出情報を文の前に置くことで，読者はパズルのどの部分についての情報であるのかをすぐ把握できるため，文の後から出てくる新情報を簡単に位置づけることができる．

また既出情報を前に置くと，自然と新しい情報が後ろに置かれる．既出を既知，新しい情報を未知として，**既知から未知へ**（known to unknown）と表現することも多い（たとえば倉島　保美著「書く技術・伝える技術」）．前節で説明した道しるべの語と，この既知から未知への配置とを使うことで，**すべての文について他の文とどういう関係にあるのかを明確に**しよう．

既出情報を前に置き，新しい情報を後ろに置くのは，関連する情報をまとめるということでもある．1文の中でも関係する情報はなるべく近くに置こう．たとえば，修飾される語と修飾する語は，なるべく隣接させて置く．

> ✗ 不適切な語句の配置

では，「語句」と「配置」のどちらか不適切なのかが，はっきりしない．もし配置が不適切なら，

> ○ 語句の不適切な配置

とするべきだし，語句が不適切ならば

第8章　スムーズな配置

> ○ 不適切な語句を使うことは

などとするとよい．

主語と述語もしばしば分断され，関係がわかりづらくなる．次の例では文の主語「日本は」と目的語「歴史と内容」や述語「もっている」が切り離されている．

> ✗ <u>日本は</u>，徒然草に代表される随筆・源氏物語などの物語（小説）には，世界に冠たる歴史と内容をもっている．

そこで，主語と述語を近づけるには，主語の場所を動かせばよい．

> ○ 徒然草に代表される随筆・源氏物語などの物語（小説）には，<u>日本は</u>世界に冠たる歴史と内容をもっている．

こうすれば，何が主語だったかを覚えておくために，貴重な短期記憶を消費しなくてすむ．ただし，「日本は」を，前の文との関係で，文の前方に置く方が適当なら，最初の例のままでよい．

8.4　飛躍のないつながる論理

学生が書く文章によくある弱点の一つは，論理の飛躍だ．なぜ飛躍してしまうかというと，学生自身は論理展開が全部わかっているので，それに必要な材料を書き落としても飛躍していることに気がつかないためだ．この論理飛躍を起こさないようにすることが，前節の応用でできる．この論理的にしっかりつながる書き方では，ある文の後半に登場したその文での未知情報を，次の文の前半に置く既知情報として，その連続で文章を作る．図 8.1 に模式的に示すように，第一文では既知情報が A で未知情報が B である．この B が第二文の既知情報となって，その文の未知情報 C を引き出す．そしてその C が次の文の既知情報となる，というように続いていく．こうなっていれば，論理的に飛躍していることはまずない．そしてこの関係が成り立っているかどうかは，学生自身が

判断しやすい．筆者は，論理的な文章の典型例として，学生に模式図を示して「AB，BC，CD とつながるように書こう」と言っている．

$$\boxed{A \to B} \quad \boxed{B \to C} \quad \boxed{C \to D}$$

図 8.1　論理的にしっかりつながる文章の模式図

1 つの枠は 1 文を表し，文は左から右に連なっている．A，B，C，D は文中の情報を意味している．ある文の後半に出てくるその文の新情報を，次の文の前半に置く既知情報とする．

$$\boxed{A \to B} \quad \boxed{C \to D}$$

図 8.2　論理的な飛躍がある文章の模式図

8.5 指示語・指示代名詞

「**この・その・あの**」の指示語と「**これ・それ・あれ**」の指示代名詞は，指示される対象がすっとわかるように使おう．このためには，1) **指示語と指示される語を近づけて置く**，2) 指示語の**対象を特定する形容詞・名詞**と組み合わせて使用する，の 2 通りの方法を使いこなそう．

　第一の，指示語とその対象を近づけて置くことが大事なのは，**指示代名詞は特に断らないかぎり直前の名詞を指示する**ためだ．たとえば，次の文の「その」は何を示しているだろうか？

> ✗　指示語は指示される語と可能なかぎり隣接して置かれるべきである。いったんレポートを書いた数時間の後に，<u>その</u>配置が妥当であるかどうかを注意深く検討する必要がある。

この文章を読むと，「その」が何を，つまりどの名詞や名詞句を示しているのかを，読者は無意識に文章をさかのぼって探す．「数時間」はまったくあてはまらないので，「レポート」かな，と思うだろう．しかし「レポートの配置」では意味が通らない．実際にはこの「その」はずいぶん前の，「指示語」と「指示される語」とを指示している．これくらい離れると，指示の関係を見つけられない読者もいるだろう．

この文は次のように配置を換えることで，よりわかりやすい文にすることができる．

> ○　指示語は指示される語と可能なかぎり隣接して置かれるべきである．<u>それらの配置が妥当であるかどうかは，文章を書いた数時間の後に注意深く検討する必要がある．</u>

またここでは，指示語と指示される語の二つを示していることを明確にするために，複数を示す「それら」を使っている．
　第二の，指示語の対象を形容詞や名詞で特定するのは，より強力な方法だ．まず，次の文を読もう．

> ✗　学生のレポートが，簡潔にして理解しやすい文章で書かれていることはまれである．<u>このこと</u>は，学生が科学技術に必要な日本語の技術を十分学んでいないことに起因していると思われる．自分のアイディアおよび行っていることを明瞭に文書化して他者に伝えることは，今後，科学技術分野に関わらず必須の能力となっていくであろう．<u>このこと</u>を解決するには，高校・大学における日本語教育のあり方を改善する必要がある．

ここで下線を施した，二つの「このこと」が何を意味しているかを理解するには少々考えなくてはならないので，よい文とはいえない．たとえば単に「このこと」とするのではなく，次のように名詞や名詞句を使って対象を具体的に述べれば，ずっとわかりやすくなる．

> ○　学生のレポートが，簡潔にして理解しやすい文章で書かれていることはまれである．<u>この問題</u>は，学生が科学技術に必要な日本語の技術を十分学んでいないことに起因していると思われる．自分のアイディアおよび行っていることを明瞭に文書化して他者に伝えることは，今後，科学技術分野に関わらず必須の能力となっていくであろう．<u>このような日本語文章能力の不足</u>を解決するには，高校・大学における日本語教育

のあり方を改善する必要がある。

第9章 個々の文を明快にするには

9.1 ☆はじめての情報は1文中に一つ

読者にとって**主要な新情報は1文中に一つ**にしよう．たとえば，

> ◯ 日本の周囲には黒潮・親潮をはじめとしてさまざまな海流が流れている．日本海の日本沿岸を北上する暖流は，対馬海流とよばれている．

という文では，読者は日本・黒潮・親潮・日本海・暖流は知っているが，対馬海流は知らないことを想定して書かれている．この対馬海流が，どこを流れているかがこの文の新しい情報だ．

では同じ情報を，暖流という言葉を知らない読者を想定して書いてみよう．これはそう無理な話ではない．伝統的に日本では，暖流・寒流という分類をするが，この分類は世界的にはそう一般的ではないのだ．この場合，上と同じ情報を示すのに，以下のように書く．

> ◯ 日本の周囲には黒潮・親潮をはじめとしてさまざまな海流が流れている．海流の中でも，南の暖かい海水を北に運ぶ海流を暖流，北の冷たい海水を南に運ぶ海流を寒流という．日本海の日本沿岸を北上する暖流が，対馬海流である．

では，読者にとって未知な情報を，既知であるかのようなスタイルで書くとどう読者が感じるのかを知るために，次の例を読もう．

> ✕ 暖流と寒流が出合う場所では，興味深い水温構造が形成される．マルビナス海流とブラジル海流がぶつかることで，強く

複雑な構造をもつ水温前線が形成される．

2文目が何かおかしいと感じた人は多いだろう．この2文目はマルビナス海流とブラジル海流を読者が知っている，つまり文章を読む前の知識として知っているか，前の文章で示している，という形式で書かれている．しかし，皆さんはこれらの海流を知らないのでおかしな感じがするし，十分には理解できないのだ．実は，読者にとって未知な情報を，既知であるかのように書いてしまう，というのは卒論で非常に多く見られる問題だ．まず，未知情報は**それにふさわしい形式で**書かなくてはならない．これらの海流を読者が知らないと想定すると，以下のように書くべきだ．

> ○　暖流と寒流が出合う場所では，興味深い水温構造が形成される．南西大西洋での暖流は，南に流れる暖かいブラジル海流である．一方寒流は，北に流れる冷たいマルビナス海流である．これらの二つの海流がぶつかることで，強く複雑な構造をもつ水温前線が南西大西洋に形成される．

この文では，ブラジル海流とマルビナス海流を読者が知らないと想定して，それぞれ1文をあてて新情報として導入している．

　それほど重要ではない情報であれば，読者に未知であっても，あまり目立たせたくないこともある．そうするには，未知情報を引き出す部分を独立した文にはせずに，**未知情報を修飾節や修飾句の中に入れて目立たせなくする**．この方法を使うと，上の例は次のようにできる．

> ○　暖流と寒流が出合う場所では，興味深い水温構造が形成される．南西大西洋の強く複雑な構造をもつ水温前線は，南米に沿って北に流れる冷たいマルビナス海流と，南に流れる暖かいブラジル海流がぶつかることで形成される．

この例では，二つの海流の新情報としての提示を修飾節の中で行っているので，この文の主たる新情報は，主節で示されている水温前線であることがはっきりしている．このように修飾節の中で述べる内容は目立たないので，重要ではないことを述べるのに向いている．**逆に重要な内容**

であるなら，**1文の主要な新情報**として位置づける，すなわち**主要な新情報は1文に一つ**だけにするべきだ．

　主語が新しい情報であるのか，それとも既知の情報であるかを示すには，「が」「は」の使い分けも意識しよう．次の文章は皆さんも知っているだろう．

> ○　あるところに，おじいさんとおばあさん<u>が</u>おりました．おじいさん<u>は</u>山へ芝刈りに，おばあさん<u>は</u>川へ洗濯に行きました．

これは「が」が初出に，「は」が既出に使われるという有名な例だ．逆にすると特に1文目がおかしいことがわかるだろう．

> ×　あるところに，おじいさんとおばあさん<u>は</u>おりました．

「あるところに」は，後に続く情報が初出だというサインになっている．にもかかわらず既出に使われる「は」がついているので，皆さんは無意識のうちに変だと思ったのだ．

9.2　☆主語と述語を忘れずに

　一つの文[※7]には原則として，**1組の主語と述語が必要**だ．たとえば，

> ×　気温は，2月から7月に上昇する．一方，9月から1月に下降する．

という文章は，2文目に主語が含まれていないので，それを含めるべきである．もっとも，

> △　気温は，2月から7月に上昇する．一方，気温は，9月から1月に下降する．

[※7]　文（センテンス）とは，日本語の場合は句点（。）（最近は「．」も使われる）で区切られるものであり，英文の場合にはピリオド（.）で区切られるものである．

では響きがよくないので，2文をまとめて

> ◯ 気温は2月から7月に上昇する一方，9月から1月に下降する．

とすればよいだろう．この文では読点（，）の後に，「気温は」が省略されている．この文は重文（主語・述語の関係が成り立つ部分である文節が，対等の関係で結ばれている文）になっている．重文では，後に出る文節の主語が前の文節の主語と同じなら，省略することができるのだ．

述語がない文でつい使いがちなのは，文末が名詞で終わる体言止めだ．

> ✕ 2月から7月に気温は上昇．その間に，降水量も増加．

体言止めは，レポートや論文の文章では使わない．したがって上の例は，

> ◯ 2月から7月に気温は上昇した．その間に，降水量も増加した．

とする必要がある．なお，カッコの中の補足情報は，述語がないことが許される．

さて，先に「原則として主語と述語が必要だ」と書いた．原則ということは例外がある．例外の一つは，次節で述べる「私」「我々」の省略で，もう一つの例外は4.8節で詳しく述べた図・表の説明のタイトル文だ．タイトル文は，「東京の気温．」というように述語を省略した名詞句の形をとる．レポートや卒業論文では，これら二つの例外の他は，必ず主語と述語が必要だと思って書こう．

9.3 私・我々を省けるとき，省けないとき

一つの文には主語と述語の組が必要だという原則の例外として，主語が「私」または「我々」である場合には，多くの場合その主語を省略する．たとえば

> ◯ 本論文では，日本の気温変動と全球的な気候変動との関係を

> 解析した．

では，解析を行った動作の主体である「私」あるいは「我々」は省略されている．ここでは主語を省略しないと，「私が私が」という感じが前面に出すぎて，押し付けがましく響いてしまう[※8]．ただし，動作主体が他人と誤解される可能性があるなら，「私・我々」は省略できない．

　一方「私・我々」を省略するべきではない場合もある．私・我々がこうするのだ，こう選んだのだ，と述べている場合には，私・我々を省略するわけにはいかない．私・我々を書くことが，他の人なら違うかもしれないが我々はこうする，またその責任をも我々が負う，という前向きな気持ちを表すのだ．たとえば，

> ○ そこで我々は，…．と予想している．

と述べることは，「他人は違うかもしれないが我々はそう考えており，しかもその考えをこの論文で表明するのは，読者の利益になると信じている」という意味がある．ここで「我々」を省略すると，責任を取りたくないかのように響く．

　なお，レポートや卒業論文では，主語の省略は「私・我々」にかぎる方がよく，他の研究者を意味する「彼」や「彼ら」は，省略するべきではない．省略して文の意味が通じる場合でも，省略しない方がより明確だし，なにより，まだ文章書きの経験が少ないと，誰が主語なのかを誤解されるように書いてしまうこともある．

9.4　☆かたく客観的な文体と用語

　文体と語の選び方で，文章はかたくもやわらかくもなる．レポートや論文では，内容を明確にするためにかたい感覚が好まれるので，それにふさわしい文体と語を選ぼう．

　レポート・論文の文体にふさわしいのは，「である」体だ．「です・ま

[※8] 英文では，主語は省略できないので，1人称（I, we）を主語にするか，受動態にするかの選択になる．論文については英語でも I, we が頻発することは，昔ほどではないとはいえ，やはり行儀がよくないと思われている．論文の投稿規程で，1人称を使わないように指示している場合もある．

す」体はやわらかすぎる．また「です・ます」体は敬意を含んでおり，その点でも客観的であるべきレポート・論文にはふさわしくない．ときどき客観的記述は「である」体で書いているのに，自分の意見をいうところでは弱気になって「です・ます」体になるレポートがあるが，これは「である」体で統一するべきだ．

「である」体では，述語がつい不必要に重なることがあるので，見直す際に注意しよう．強調する必要がなければ，次の3つの中では最後の文が簡潔で最もよい．

> ✗ 台風は大きな被害をもたらしたのである．
> ✗ 台風は大きな被害をもたらしたのだ．
> ○ **台風は大きな被害をもたらした．**

1番目や2番目の例のように述語を重ねるのは，強調する場合である．したがって，もし強調するつもりがないのに述語を重ねると，読者に間違った印象を与えることになる．

また単語の選び方もかたい表現にそろえることが必要だ．口頭発表では，いきいきとした印象を与えるために口語的な表現を使ってもよい．しかし，論文やレポートではかたい表現に統一しなくてはならない．

文体・用語の選び方が悪い例をあげよう．

> ✗ 重力の測定を<u>やった</u>．重力の測定では，<u>とても正しく</u>時間を<u>計る</u>必要がある．測定結果を<u>見る</u>と，重力加速度が 9.805 m s^{-2} であることが<u>わかりました</u>．

まるで小学生か？という文章になっている．かたい表現にそろえると，次のようになる．

> ○ **重力の測定を<u>行った</u>．重力の測定では，<u>非常に正確に</u>時間を<u>計測する</u>必要がある．測定結果の<u>分析から</u>，重力加速度が 9.805 m s^{-2} であることが<u>明らかになった</u>．**

表9.1の左の表現は口語的すぎるので，右の表現を用いるとよいだろう．

表9.1 口語的表現（左）と，対応するかたい表現（右）

口語的表現		かたい表現
「やる」「する」	→	「行う」
「正しく」	→	「正確に」（「正確に」の意味なら）
「すごく」「とても」	→	「非常に」「顕著に」「著しく」
「いろいろ」	→	「さまざま」（ただし「さまざま」自体あいまいな文章に結びつくので，使用に注意する．10.4節「具体的に」参照）
「いい」	→	「よい」
「だから」	→	「したがって」
「一番大きい（小さい）」	→	「最大（最小）」
「ある」	→	「存在する」
「もっと」（する）	→	「なお」「さらに」（行う）
「もっと」（大きい）	→	「より」（大きい）
「ずっと」	→	「はるかに」
「たまに」	→	「まれに」
「いつも」	→	「常に」
「... するのは」	→	「... することは」
「どっちか」	→	「どちらか」

9.5 漢字を適度に使う

　読みやすい文にするうえでは，漢字を適度に使うことも大事だ．まず常用漢字にない漢字は基本的に避けよう．しかし常用漢字を使っても，漢字を使いすぎると，次の例のように読みづらくなる．

> ✗ 漢字が多いと読み辛い文章になる．読者の注意は無意識に，漢字に引き付けられる．従って，漢字が多い文章は，読者の注意が多くの語句に振向けられる事となる．それらの多数の語句から読者は重要な点を把握する必要が有り，その為に読者の負担が増し，結局分かり辛い文章になってしまう．

もちろん，漢字をまったく使わないと，もっと読みづらい文章になる．

　ではどのように漢字とひらがなを使い分けたらよいのだろう？　漢字は読者の注意を引きつけるので，漢字を拾うと文章のおおまかな意味や流れをつかめるようになっていると，無意識に重要なポイントに注意が引きつけられることになるため，読みやすい文章となる．したがって，文章の骨格を作る，名詞・動詞・形容詞・形容動詞は基本的に漢字を用いるとよいだろう（ちなみに形容動詞とは，「適当だ」「重要である」などだ）．もちろんこれらの品詞でも，漢字を使わない方が一般的なら，やはりひらがなで書く．

　副詞の多くはひらがなで書く．ただし，以下の副詞は漢字で書くことをすすめる．

●漢字で書く副詞：
必ず	確かに	決して	概して	一概に	非常に
常に	事前に	顕著に	少々	多少	最初に
次に	最後に	実に	大変	徐々に	急に
至急	要するに				

逆に以下の副詞はひらがなとするべきだろう．

●ひらがなで書く副詞：
いかに（如何に）	いかにも（如何にも）	もちろん（勿論）
それほど（それ程）	おそらく（恐らく）	できれば（出来れば）
ぜひ（是非）	いずれ（何れ）	あらかじめ（予め）
ときどき（時々）	たびたび（度々）	たまに（偶に），
めったに（滅多に）	まず（先ず）	さらに（更に）
なお（尚）	できるだけ（出来るだけ）	ただちに（直ちに）
いちじるしく（著しく）		

　接続詞の多くは，「そこで」「では」「しかし」などのように，ひらがなでしか書けない．ただし以下の接続詞は漢字で書く方が読みやすい．

> ●漢字で書く接続詞：
> 一方　　　　　　他方　　　　　その結果
> それと整合的に　　それに反して　　結局

また，次の接続詞は漢字もある程度使われているが，ひらがなで書く方がよいだろう．

> ●ひらがなで書くのが好ましい接続詞：
> ゆえに（故に）　　したがって（従って）

　まとめていうと，**漢字は読者の注意を引くので，文章の骨格に使う**．その骨格は，名詞，動詞，形容詞，形容動詞であり，これらは主に漢字で書く．その他では，副詞はそれなりに漢字で書く語があり，接続詞はちょっとだけ漢字で書く．これら以外は基本的にひらがなで書けばいい．元々のわかりやすくするという目的を忘れずに，適度に漢字を使おう．

　なお，これは漢字の方がいいのかな？どうかな？と迷ったら，14.6節で説明するGoogle scholarのフレーズ検索で，漢字とひらがなのどちらが多く使われているのかを調べて参考にできる．

9.6　狭い語を使う

　用語でさらに気をつけたいのは，なるべく狭い意味をもつ語を使うことだ．たとえば「調べる」でも何を行うかによって，「解析する」「数値計算をする」「解の挙動を調べる」などのようにより狭い意味をもつ語で書くことができる．狭い意味をもつ語を使うのは，たとえていえばサッカーのパスの精度がいいようなものである．

　もちろん，正確な語を使うためには，語彙を豊富にすることが欠かせない．そのためには，理系文章に親しむことが近道だ．教科書だけでなく，科学・技術の解説書などを読むことをすすめる．皆さんも必殺のスルーパスを出せるように語彙を増やし，より正確な語を使おう．

表 9.2 広い表現（左）と，対応する狭い表現（右）

広い表現		狭い表現
「思う」	→	「考察する」「推測する」「推定する」
「見る」	→	「検討する」「分析する」単に図を見るという意味なら，不要なので削除
「わかる」	→	「判明する」「明らかになる」「理解する」
「出す」	→	「放出する」「放射する」「生み出す」

9.7 逆接以外の接続助詞「が，」を避ける

　接続助詞の「が，」は，いろいろな意味で使うことができるため，日本語をあいまいにすると悪名が高い．まったく使うべきではないという立場を取る人もいるが，それはなかなか難しい．私も努力して接続助詞の「が，」を使わないで論文を書いたら，編集者に使うように直されたこともある．

　そこで本書では，逆接の「が，」は使ってよいことにしよう．逆接の「が，」とは，「．しかし」で置き換えられる接続詞として働く「が，」だ．たとえば，

> ○ この実験ではパラメータ A を 7 通りに変化させた<u>が</u>，結果には明瞭な変化は見られなかった．

という文は，

> ○ この実験ではパラメータ A を 7 通りに変化させた．しかし，それらの結果には明瞭な変化は見られなかった．

と書き直すことができるので，逆接の「が，」である．これはあまり多くなりすぎないなら，使ってよい．もちろん，二つ目の例のように書き

第 9 章　個々の文を明快にするには

換えてもよい．

　避けたいのは，逆接以外の「が，」である．たとえば次の例は逆接の「が，」ではない．

エル・ニーニョは数年程度の時間スケールをもつ気候変動現象では最も重要なものである<u>が</u>，エル・ニーニョの振幅が過去 30 年間それまでよりも大きくなっていることが最近明らかになった．

　このような「が，」の使用が問題なのは，「が，」の前後が一見もっともらしくつながっているにもかかわらず，どう論理的につながっているのかが読者にはっきり伝わらないことだ．こういう場合には，別の接続表現を探すか，文を分けよう．上の例は次のように文を分けることができる．

エル・ニーニョは数年程度の時間スケールをもつ気候変動現象では最も重要なものである．このエル・ニーニョの振幅が過去 30 年間それまでよりも大きくなっていることが最近明らかになった．

　文章をワープロで書いたら，「が，」を検索してみよう．それぞれについて「．しかし」で置き換えられる逆接なのか，そうではないのかを調べ，逆接以外なら書き直そう．このように，問題になる表現を検索できるのも，ワープロの有利な点だ．

9.8　読点で構造を明確に

　読点の打ち方にはある程度自由度がある．たとえば，「読点の打ち方にはある程度自由度がある」，「読点の打ち方には，ある程度自由度がある」，「読点の打ち方には，ある程度，自由度がある」のいずれも正しい．小説などではもっと自由に使うことができ，「ざ，ざっ，ざっと，行進の音が聞こえてきた」という文も成立する．

　ただし，意味を取りやすくするために，主語と述語を含む節の区切り

では必ず読点を打とう．たとえば，

> エル・ニーニョが発生すると日本では，暖冬となる傾向がある．

では，主節と従属節との区切りをはっきりさせるために，

> **エル・ニーニョが発生すると，日本では暖冬となる傾向がある．**

とするべきだ．×の例のように読点が不適当な位置についているだけでなく，次のように読点が多くなっても，文の構造を解釈しづらくなる．

> エル・ニーニョが発生すると，日本では，暖冬となる傾向がある．

　主語述語の組が複数あるなら，つまり重文や複文（二つの文節が主従の関係にある文）では，読点はまず節の区切りに打つ，と覚えよう．

9.9　カッコは補足に

　カッコ"（　）"をうまく利用することは，冗長な文を連ねないために有効だ．しかしカッコを利用しすぎると，段落の論理構造を損なってしまう．カッコで示す内容は，カッコなしで示す内容よりも重要性が低いが，なぜ重要性が低いかは，通常明示的に述べられない．そこにあいまいさが生じてしまう．カッコを使う代わりに，重要性の高低を含めて本文中で説明する方が，論理構造はより明瞭になる．カッコを利用する際の目安として，段落の論理展開の本筋については，文（主語・述語の組）をそのままカッコに入れることは避けよう．

> ✕　外気温を温度計で測定した（湿度は機器の不具合のために，測定できなかった）．

ここでは，著者がなぜカッコを使っているのか，ぱっとはわからない．著者は，測定できないためにその結果を使えなかったので，結果を使えた気温よりも重要性が低いと考えてカッコに入れている．その相対的な重要性の違いを示すには，次のようにカッコから出して，補足的な情報であることを明示する表現を使うとよい．

 外気温を温度計で測定した．なお，湿度は機器の不具合のために，測定できなかった．

この「なお」は補足的な情報であって重要度が低いことを意味する，とても便利な表現だ．

第10章 力強くいこう

10.1 ☆重要なものを先に（top heavy）

　大事ではない情報ばかり読まされると，読者のやる気はどんどん下がる．やがて，目で字面は追うのだが，頭にとどまらない状態までいくかもしれない．こうなってから大事な情報が出てきても，読者が正しく理解することは望めない．いったんダレてしまったら，回復はしにくいものだ．

　そこで読者のやる気を高め文章を理解してもらうには，重要な事項をできるだけ最初にもってくることが有効である．これを**重点先行**（参考：木下是雄著「理科系の作文技術」）または重要なものが先（トップ）ということで**トップ・ヘビー**の原則という．重要なものを先にもってくるのは科学論文にとどまらず，ビジネス文書の書き方でも推奨されている．すでに述べた，段落のトピック・センテンスを要約文とすることも，トップ・ヘビーの1種である．たとえば短いレポートであれば，最初の文にレポートの結論を書き，後はその理由づけを記述するというトップ・ヘビーな書き方もできる．1枚程度のレポートなら，トップ・ヘビーで書くのは難しくない．

　ただしある程度の長さになると，文章全体をトップ・ヘビーに書くのは難しいものだ．科学技術論文で重要なのは「結果」だが，まず「はじめに」で背景や問題設定を説明し，「方法」において用いた方法を前提を含めて述べなくては，「結果」の位置づけがはっきりしない．たとえば，携帯メールの利用率が90％であるという結果があるとしよう．しかし，調査対象が全国なのか，それともどこかの特定の地域なのか，特定の地域ならどこなのか．また調査対象はどういう年齢分布をしているのかなどは，結果を解釈するうえで重要な情報であり，「結果」よりも先に示さなくてはならない．

　この「はじめに」「方法」「結果」という論理の流れと，トップ・ヘビ

ーの要請に折り合いをつけるために，通常，論文では短い要旨を論文のはじめに置いて，読者が主要な結論を頭に入れてから，論文の本文を読むことができるようにする，という折衷的な方法がとられる．

なお，トップ・ヘビーは質問を行う際にも重要である．何を**聞きたいのかをできるだけ早く述べて**，他の情報はその後につけ加えるのが，よい質問の方法である．逆に，前置きを延々としゃべってから最後に実際の質問を出すのはやめる方がよい．

10.2 ☆ポジティブに押そう

よい論文とは，その主張が他の多くの研究者に影響を与える論文である．そのためには，読者に理解され，記憶されなくてはならない．つまり，理解されやすく，記憶されやすいように，主張を組み立てる必要がある．

人間は，ポジティブな内容は理解・記憶しやすいものの，ネガティブな内容はしづらい．したがって，論文はポジティブに押すよう構成して書かなくてはならない．つまり，ポジティブな結果を基本に述べる方策を考え，文のトーンもなるべくポジティブにする．しばしば，ポジティブに書ける内容を，ネガティブに書いてしまっている文を見かける．

同じ内容で，ネガティブな表現をポジティブに書きなおす例を下に示そう．

> ✗ 木材からのバイオエタノールの大規模な製造にはじめて成功したものの，その製造コストは期待される水準よりもはるかに高額なものとなってしまった．

というネガティブな文は，ほぼ同じ内容を，次のようにポジティブに書くことができる．両者を比較すれば，印象が大きく異なることがわかるだろう．

> ○ なお経済的な実用性という点では改善が必要ではあるものの，はじめて木材からのバイオエタノールの大規模な製造に

> 成功した．

　ポジティブに押すのは，ポジティブ・シンキングに通じるところがある．ポジティブ・シンキングとは，物事のよい面を見る方が，よりよい将来につながるという考え方である．コップに水が半分入っているのを見て，「まだ半分も入っている」と思うのがポジティブ・シンキング，「半分しか入っていない」と思うのがネガティブ・シンキングというのは，よく使われるたとえだ[※9]．研究でいえば，「こんなことがわかった」というのがポジティブで，「こんなことしかわからなかった」というのがネガティブだ．

　読み手のやる気を出すためにポジティブに押すといっても，ネガティブな面を書かないというわけではない．ポジティブな面を強く，ネガティブな面を弱く書くのである．もちろん，ポジティブな面であっても，確実さに応じて表現の強弱は選ばなくてはならない．結局よい論文を書くためには，ポジティブに押せるだけの十分な結果が得られている必要がある．

10.3 ☆謙譲は卑怯なり

　日本的な謙譲の美徳を身につけると，ついネガティブな表現を使ってしまいがちだ．たとえば，プレゼントを贈る時に「つまらないものですが」という．欧米だと，「きっと気に入ってもらえると思って」などというところだ．しかし，論文や卒論・レポートでは謙譲は悪徳でしかない．たとえば，

> ✗ つまらない結果だが，
> ✗ ほんの初歩的な紹介だが，
> ✗ 私は何もわかっていないのだが，

などは，本人は卑下・謙遜のつもりで述べても，理系文章や仕事文章の世界では卑怯（unfair）となる．

※9 とはいえ，レポートの締め切りがせまったら，まだX日もあるではなく，もうX日しかないと思って書きはじめよう．

「つまらない結果だが」ということは,「つまらない結果と断ったので,これから読む内容が本当につまらなくても怒ったりしないでほしい」ということを意味している.つまりこの表現を読んでから,なお先に読み進むことで,読者は「つまらない」と非難する権利を失ってしまう.こういう卑怯な条件を出された時点で,その文章を読むのをやめてもよい.残念なことに,文章の場合は著者にすぐには文句をいえないが,もし口頭発表で「つまらない結果ですが,」といわれたら,「つまらないならお互い時間の無駄だから,発表はやめてコーヒーでも飲もう」と提案しよう.

不適切な謙譲がよくないのは,ビジネスでも同じだ.車のセールスマンに「つまらない車ですが,購入して下さい」といわれたら,買う気になるだろうか? 入社面接を行う役員が,入社希望学生から「私はとりえなどありませんけれど,採用して下さい」といわれたら,採用する気になるだろうか? どちらも答えはノーだ.すなわち,自分が他人に仕事で提供するものを卑下してはならない.

もちろん謙譲の美徳は,人づきあいの面では大いに発揮するとよい.仕事や研究でも,人づきあいに関わる面は当然あり,レポートや仕事の出来を褒められたら「いえそれほどでも」などといってもいい.しかしレポートや論文自体,あるいは研究室のゼミや授業の発表では,謙遜は卑怯なのだ.

10.4 ☆具体的に

抽象的な表現は具体的な表現に比べ,有意義な情報は少ないし,また説得力をもたない.したがって,抽象的な表現を具体的な表現に置き換えて不都合のない場合は,**常に具体的な表現を**使うように心がけよう.抽象的な表現は,間違うおそれも少ないし,一見,風格があるようにも見えるためか,しばしば濫用される.なお,具体的な表現を使うと不都合が生じるのは,具体的な説明を加えるには長い文章が必要で,その長い文章を入れると全体のバランスが損なわれる場合である.

抽象的な表現の中でも「さまざま」の使い方には,特に気をつけよう.「...には,さまざまな問題がある」という表現は,なるべく避ける.少なくとも,その後に具体例が続く必要がある.

たとえば,

> ✗ 理論と実験結果が一致しなかったことには，さまざまな理由が考えられる．したがって，今後さらに研究を進める必要がある．

は，読み手にとって意味のある情報は何もない[※10]．

有効な意味を伝えるには，次のように不一致の理由をより具体的に書く必要がある．

> ○ 理論と実験が一致しなかったことには，<u>3つの理由</u>が考えられる．第一には，...
> ○ 理論と実験結果が一致しなかったことには，<u>いくつかの理由</u>が考えられる．たとえば，理論においては振幅が小さいという仮定を用いている．しかし，実験では検出限界の制約からこの仮定は必ずしも成り立っていない．したがって，より小さい振幅を測定できるように装置を改良し，小振幅領域で実験を行う必要があるだろう．

最初の例は3つの理由以外にはないことを意味しており，7.3節で述べた「総ざらい列挙」を使っている．もちろん総ざらい列挙は非常に強力な説明方法なので，可能ならそうするべきだが，いつも可能とはかぎらない．その場合が後の例である．この例では「さまざま」よりも具体性を増すために「いくつかの」という表現にして，また具体的な例をあげることでさらに具体性を増すようにしている．

10.5 二重否定は使わない

二重否定は何が主張であるのかをぱっと見て取りづらいうえに，ネガティブな印象が読み手にインプットされるので，読み手のやる気を弱めてしまう．

※10 こういう文章は，一見ありがたそうに見えるものの，実は読み手に有効な情報を与えないという点で，私は「お経」と呼んでいる．「そんなお経を上げてもしょうがない」などと使う．

> ✗ 本研究で得られた結論は，日本の気候変動を考えるうえで意義がないわけではない．

二重否定は，すなわち二つのマイナスは，$(-1) \times (-1) = +1$ とプラスになるので，この例は下のように単純な肯定文に書き直すことができる．

> ○ 本研究で得られた結論は，日本の気候変動を考えるうえで有意義である．

　二重否定を含む文を避けるのと同様に，1段落の中で2回以上の「しかし」も避けよう．つまり，**「しかし」は1段落に1回**とする．2回以上の「しかし」はたいてい，1回の「しかし」に書き直すことができる．二重否定が肯定を意味したのと同様に，2回の逆接は，順接に置き換えることができるのだ．たとえば，

> ✗ 地震は恐ろしい災害である．<u>しかし</u>，耐震建築を広めるなどの対策で，被害を軽減することができる．<u>しかし</u>，大地震で被害が生じた場合に重要なのは，迅速な救助活動である．

という2回の「しかし」を含む段落は，以下のように「しかし」を1回に書き直すことができる．

> ○ 地震は恐ろしい災害である．大地震で被害が生じた場合に重要なのは，迅速な救助活動である．しかし，あらかじめ耐震建築を広めるなどの日常的な対策で，地震の被害を軽減することができる．

こうすることで，文章の流れはすっきりする．
　ただし，この際順序は変わる．つまり「Aである．しかしBである．しかしCである」という文章から「しかし」を一つ除くには，「Aである．Cである．しかしBである」となる．
　上のような配置の変化は，多少意味の変化をもたらす．つまり，「し

かし」を1回にした例ではBに重点があるように響く．元々の文章では，最後に来るCに重点があったのかもしれない．もし重点がCにあるなら，表現を工夫して重要性が現れるようにしよう．たとえば，「Aである．特にCである．なおBでもある」などとすればよい．上の例を自分で頭の中で直してみよう．

10.6 簡潔に

　文章は簡潔に書こう．冗長である場合には，重複があるか，文章に意味が乏しいかのどちらかなので，この2点に気をつければよい．

　以下の例のように近い場所での漢字の重複は，すぐ見て取ることができる．また，右のように直すのも容易だ．

> ✗ 完全に完成する　　　　　→完成する
> ✗ 必ず必要　　　　　　　　→必要
> ✗ 簡潔な表現で表す　　　　→簡潔に表現する
> ✗ たとえば，Aを例に取ると　→Aを例に取ると

　漢字が重なっていなくても，意味が重なる次のような例もある．こういう冗長表現はつい見過ごしてしまうかもしれない．よく注意して見つけよう．

> ✗ 時間変化しない定常状態　　→定常状態
> ✗ 強い大振幅　　　　　　　　→大振幅

　意味が重なっていなくとも，同じ助詞（てにをはのが）が連続することは，文の調子が悪くなるので避けたい．下の例のように，適宜表現を変えて，同じ助詞が連続しないようにする．

> ✗ 日本の東の海上の降水の変動　（「の」の連続）
> ○ 日本の東の海上における降水量変動
> ✗ この点を気をつけよう．（「を」の連続）

> ⭕ この点に気をつけよう．

　一方，実質的に伝えるべき情報がとほしい文や文節もときどき見られる．文章は読者のために書くものだから，そういう文や文節は，レポートや論文では削除する方がいい．次の例の最初の文節はなくてよい．

> ❌ 諸般の事情を考慮し，当初計画をとりやめた．
> ⭕ 当初計画をとりやめた．

10.7 能動態で

　受動態よりも能動態の方が力強いので，できるだけ能動態を用いよう．幸いなことに，9.3節で述べたように多くの場合，日本語では主語の「私」「我々」を省略できる．こうすると自然に能動態になる．この方法が使える場合は，常にそうして能動態の文を書こう．

　動作主体が「私」「我々」ではない文が連続する場合にも，無生物主語を使うことで，能動態が使える場合が多い．無生物主語とは，無生物であっても特定の動詞と結びついて主語となる用法である．たとえば「大気循環が熱によって駆動される」という受動態よりも，「熱が大気循環を駆動する」という能動態の方が，力強い文である．特に受動態が続くと，次の例のようにもたもたした感じになる．ここで下線は，受動態を示している．

> ❌ 海洋の循環は，大きく二つの力によって<u>動かされている</u>．一つは風の力で，海洋の表層の循環は主に風によって<u>動かされる</u>．もう一つは熱の力で，海洋が高緯度で<u>冷やされる</u>ために，重い水がそこで<u>作られる</u>．この水が世界の深層を満たすように動いていく．

この受動態を能動態に書きかえると，歯切れよく，力強くなる．

○ 海洋の循環を動かす力は，大きく二つである．一つは風の力で，主に海洋の表層の循環を動かす．もう一つは熱の力で，高緯度で冷たい大気が海洋を冷やし，そこで重い水を作り出す．この水が世界の深層を満たすように動いていく．

第11章 こういうのはやめよう

11.1 不要な修飾語句による誤った予想

　読者に適切に予想させるのがよい文章なので，逆に読者に**間違った予想をさせるのは悪い文章**である．ある文が文法的・論理的に正しくても，間違った予想をさせてはいけない．この点で，一番よく見られる問題は，**不要な修飾語句**だ．

　修飾語句をつけずに済むなら，つけない方が簡潔な文章になる．これに反して修飾語句をつけることは，著者がなんらかの情報を，読者にあえて伝えることだ．したがって，読者はそこに**著者の意図を無意識のうちに読み取ってしまう**．たとえば，

> ✗　日本付近の気候変動に10年〜数十年周期変動が存在することが最近報告されている．たとえば，冬季の札幌の気温には，北大西洋振動と共通の10年周期変動が存在することが知られている．

この文では「冬季の」とあえて限定していることから，「夏季の気温にはこのような10年周期変動は存在しない」ことが強く示唆されている．
　仮にそうではなくて，夏季にも北大西洋振動と共通の10年変動が札幌の気温に存在しているのだとしよう．その場合でも，上の文は夏季については何もいっていないので，論理的には正しい．しかし，「冬季の」という修飾語句を加えることで，読者に間違った推測をさせているので，この文は悪い文である．その場合は，「冬季の」を除く必要がある．

11.2 あいまいな「られる」

　「られる」という表現が何を意味するのかはっきりしないことがある．

特に,「考えられる」は「可能」と「受身」のどちらであるのか,また「受身」であれば主語が誰なのかがあいまいになる場合がある．たとえば

> ✗ 20世紀の温度上昇は，地球温暖化が影響していると考えられる．

は，1) 広く一般にそう考えられているのか，2) 他の論文著者がそう考えたのか，3) 当該レポート・論文の筆者がそう考えることができるという意味なのか,があいまいである．明確にするには，それぞれに応じて次のように書き分ければよい．

> ○ 20世紀の温度上昇は，地球温暖化が影響していると広く考えられている（たとえば，だれそれ1999）（一般にそう考えられている場合）
> ○ 20世紀の温度上昇は，地球温暖化が影響しているとの主張がなされている（だれそれ2000）（他の論文著者が考えている場合）
> ○ 20世紀の温度上昇は，おそらく地球温暖化が影響しているのであろう（自分が考えた場合）

11.3 主語述語がちぐはぐ

　主語と述語がちぐはぐになるパターンの一つは,「私」「我々」が主語であるべき述語であるのに,他の名詞が主語になってしまうことである．この背景には10.7節で日本語の利点として述べた「私」「我々」を省略できるという特徴がある．つい「私」「我々」を省略する癖がついているので,不都合に気がつかないのである．

　主語・述語のちぐはぐは，単文では見つけやすい．

> ✗ この観測装置は，筐体(きょうたい)を強化している．

という文では観測装置が,自分自身を強化していることになる．この文

の動作主体は，私または我々なので，

> ○ 我々はこの観測装置の筐体を強化した．

とするか，または受動態で

> ○ この観測装置の筐体は強化された．

とすることが適切である．

　単文だと見つけやすいちぐはぐも，重文になると不都合を見つけ出しづらくなる．問題となるのは重文の二つの節で，主語が異なるにもかかわらず，後の主語を省略してしまう場合である．こうすると，次のように後段の節で主語述語がちぐはぐになる．

> ✗ この数値計算は地球の平均気温が高いほど，強いエル・ニーニョが生じやすいことを示しており，強いエル・ニーニョの出現頻度を高めるであろう．

この例では，エル・ニーニョという気候変動を数値計算が強めることになってしまっている．後半の節の主語を正しく補おう．

> ○ この数値計算は地球の平均気温が高いほど，強いエル・ニーニョが生じやすいことを示しており，<u>将来の温暖化は</u>強いエル・ニーニョの出現頻度を高めるであろう．

　修飾節などが長くなり，文の本来の主語が何であったかを忘れて，主語と述語が合わない例も多い．次の例では文の主語である「数値計算」に対応する述語がかけているので，「ことを示している」を末尾に補わなくてはならない．

> ✗ この数値計算は，熱帯を中心とした代表的な気候変動であるエル・ニーニョに関して，地球の平均気温が高いほど，強い

エル・ニーニョの出現頻度が高くなる（ことを示している）．

11.4 比較対象の不一致

比較する文では，比較するものとされるものが食い違わないように，しっかり書き込もう．下の例では，書き込みがあまい．

> ✗ 太平洋の暖水の面積は大西洋よりも大きい．

これだと，太平洋の暖水の面積が，大西洋自体の面積よりも大きいことになる．本来比較されるべき対象は，「大西洋の暖水の面積」である．したがって正しくは，

> ○ 太平洋の暖水の面積は大西洋のそれよりも大きい．

とする必要がある．

会話では比較対象を正確に述べないことがしばしばある．たとえば，

> 札幌に行くより小樽がいい．（会話）

は会話では問題はない．しかし論文でなら

> ✗ 札幌で観測を行うよりも，小樽がよい．

はだめで，次のどちらかにするとよい．

> ○ 札幌で観測を行うよりも，小樽で行う方がよい．
> ○ 観測を行うのは，札幌よりも小樽が適している．

慣れないうちはくどいと感じるだろうけれど，比較する対象を正確に書くことが，明瞭な文章には欠かせない．

第三部

実験レポート・卒業論文の作成準備

　第一部で実験レポート・卒業論文に何を書くべきなのか，第二部ではどういう文章を書くべきなのかを説明した．この第三部では執筆にかかる前に（あるいは途中で），文章作成以外に行うべき準備作業を説明しよう．具体的には，語や定義の調査，そして卒業論文などの研究論文で必要になる先行研究の調査である．これらについて，インターネットを利用した調査方法を説明する．

第12章 インターネット情報の利用

12.1 コピペ問題について

　インターネットで提供される情報の急速な増加によって，それらの情報を上手に，また適切に使うことが重要になっている．その一方，レポートなどでネット情報を不適切に使う問題も増えている．その典型的な例が，いわゆる**コピペ**（コピー＆ペースト）である．この章では，コピペがなぜよくないのか，そしてどうすればインターネット上の情報も活用しつつ，コピペと非難されないレポートが書けるのかを説明しよう．

　コピペには，それが盗用であるという倫理・法律上の問題と，コピペをすると教育効果が上がらないという二つの問題がある．

　まず，コピペは，表現とアイディアを盗用する行為だ．このうち表現は，それが創作的であるなら，つまり表現にオリジナリティーがあるなら，著作権法で保護されている．したがって，他人の独自性・創作性のある表現をコピーして，自分自身の表現であるかのように発表するのは，たとえちょっと変えたとしても，著作権法を犯すことになる．一方，その表現の背後にあるアイディアは，著作権法では守られていない．アイディアの一部は特許で保護されているが，ではそれ以外のアイディアは盗用してもいいのかというと，当然倫理上許されない．特に大学教員は，その職業倫理として研究活動で盗用は許されないことを叩き込まれているので，この点に敏感である．学生の皆さんが卒論やレポートを書く場合には，表現とアイディアの両方で盗用をしてはいけない．

　次に，コピペでは教育効果が上がらない．インターネットの出現以前には，書籍を調べて説明を書くレポートは多かった．その場合，適切な書籍の選定，必要情報の手書きでの書き出し，そしてやはり手書きでのレポートの執筆という作業を行うことが，かなり勉強になるし記憶にも残るため，教育効果が高かった．しかし，ネット検索でヒットした情報をコピーして，ワープロ・ソフトで文章を整える程度では，ほとんど記

憶にも残らない．それでは，対象とする知識を修得したとはいえないので，授業の単位を認めるわけにはいかない．

　したがって，コピペでレポートを済ませるのは，友人にレポートを見せてもらって写すことや，テストで友達の答案を写すことと同じように授業履修上の不正になる．最近では学生レポートがコピペをして書かれているかどうかを判定するソフトウェアが使われることもある．そういったソフトウェアを使わなくても，ネット情報のコピペはある程度わかる．別々の学生のレポートが妙に似ている，あるいはいかにも学生が書いた内容ではないので，さてはと思って検索すると，案の定ネットの解説記事の切り貼りである．ひどい場合には，語尾を変えているだけというレポートもある．こういうレポートを発見した場合，盗作かどうかは問いただせば簡単にわかる．カンニング同様の不正行為と判定されると，場合によっては停学処分，したがって自動的に留年ということもある．

　インターネットの情報をどこまで使ってよいのかは，教員によって多少違うとは思うが多くの理系の教育では，信頼できる専門家あるいは専門組織が公開している解説などは，皆さんが知識を習得するための参考資料として利用できる，というところが妥当ではないかと考えている．専門組織とはたとえば，官公庁，研究開発法人などである．後で説明するように，Google 検索では，site:go.jp を指定すれば日本の政府および関係機関に検索対象を限定することができ，それでヒットする情報は多くの場合信頼できる専門組織によって書かれている．一方，大学のサイトに書かれている解説は学生が書いたものであるかもしれないので，適切な専門家によって書かれていることを確認する必要がある．

　また，これらの信頼できる情報源を**複数当たって，矛盾がないかどうかを調べる**ことは，情報の信頼性を評価する上で有用だ．相反する解説が信頼できる情報源に見られる場合は，科学的に決着がついていないのかもしれない．なお，ウィキペディアは非常に便利で私もよく使うが，次の章で説明するとおり，記述が正しいとは限らない．そのため，信頼できる情報源とはいえず，ウィキペディアの記事を情報源として参考文献や引用文献に挙げるべきではない．

12.2　レポートではこう使おう

　前節に書いたように，知識を獲得するため，というインターネット情報を利用する教育上の目的を考えると，レポートにはその知識を**自分の言葉で書く**ことが重要だ．また，書籍やネットの情報をそのまま写すのでは，上で述べたとおり表現の盗用になる．一つの情報源に基づくだけだとその表現に影響されやすくなるので，上で述べた矛盾が無いかどうかの確認だけでなく，自分の言葉で書くためにも，複数の情報源に当たるのがおすすめだ．複数の情報源から得られる内容を，よく理解し記憶してから，できれば一晩寝かせて元の表現の詳細が頭から抜けた後に，元の情報を見ないで自分自身の言葉で書くのだ．逆に，元の文章の微修正と再配置でレポートを書くなら，コピペと判断される可能性が高い．

　また，レポートにはどの情報源を参考にしたのかを明記しよう．レポートの末尾の参考文献に，提供機関や提供者，題名（あれば），URL，アクセス日を書くとよい．また卒論では時々あるが，レポートでも，ネットでのみ提供されている一般的知識ではない情報を参照する必要があるかもしれない．その場合の対応は次の節で説明している．

　なお，授業によってはインターネット情報をレポートに書く際には，どの情報がどの情報源から得られたかを明記するべきである，ということになっているかもしれない．レポート課題において，情報源の参照の仕方についてどうするべきか不明な場合は，教員にあらかじめ尋ねておくとよいだろう．

　なお，インターネットの情報も知識獲得に活用するべきだとはいえ，やはりネットでさまざまに解説されている情報を単に問う，たとえば「…について説明せよ」といったレポート課題は，コピペを誘発しやすい．そのため，知識自体を問う課題ではなく知識を活用させる課題が望ましく，そういった課題に皆さんもしばしば遭遇するだろう．これらの「活用」課題は，コピペでも対応し得る「説明」課題よりもぐっと高度になるので，そのつもりで準備に当たろう．

12.3　卒論ではこう使おう

　卒論では，2.9 節で説明したように，一般的な知識以外で他人の研究

成果や他人が展開した議論を述べるには引用文献を示す必要があるが，一般的な知識は（インターネット上の情報も含めて）引用を示す必要はない．引用の必要がない一般的な知識を述べる場合にも，もちろん他の論文やネット上の解説などの記述をそのままコピペしたり，微修正で書いたりしてはいけない．レポートの場合と同様に，自分の言葉で書く必要がある．

　ネット上の学術論文以外の情報を，卒論で参照することが必要となることもある．たとえばある機関が作成しているデータの作成方法がネット上でのみ提供されているなら，そのネット情報を示す．この場合はその情報を引用文献に示すのではなく，**脚注**に情報提供機関名，**URL**，アクセス日を記すのがよいだろう．

第13章 インターネットで用語検索

13.1 無料辞書・辞典

　用語の意味を調べるのに最も有用なのは辞書や事典である．国内の主要なポータル・サイトでは，無料で商用の英和・和英・国語辞典などを利用できる．2015年9月の時点でこれらのサイトには，Weblio，Yahoo!，エキサイト，goo，infoseek などがある．これらのサイトの多くで，複数の辞書・辞典を検索できる．多くの辞書を一度に検索できるのは，便利でもある一方，玉石混交の結果が表示されることでもある．たとえば Weblio 辞書で「地球温暖化」を検索すると，三省堂の「大辞林」の記述もあれば，発泡スチロール協会の EPS 建材関連用語集での解説も，ウィキペディアの解説も示される[11]．しかし，より信頼性が高い気象庁や，国立環境研究所の地球温暖化の解説は示されない．これらの辞書サイトでは，国語辞典などでの短い解説を調べるだけにして，より専門的な解説は別途適切な情報源に当たるほうがよいだろう．

13.2 フリー百科事典ウィキペディア

　おそらく皆さんもウィキペディア（図13.1）を使ったことはあるだろう．このウィキペディアという名前はウィキという Web コンテンツ管理システムと，百科事典を意味するペディアを合わせたものである．ウィキペディアでは，誰でも匿名でどの項目にも書き込みができるし，すでに書かれた解説を編集することもできる．この広範な書き手の存在が，ウィキペディアの最大の強みであり，紙の事典を上回る解説項目数とその記述量の急速な成長を支えている．

---

[11] http://www.weblio.jp/　2015年9月4日アクセス

図 13.1　日本語版ウィキペディアのメインページ

ウィキペディア日本語版 (http://ja.wikipedia.org/) には，2015年9月の時点で，98万本を越える記事が書かれている．さらにウィキペディア英語版 (http://en.wikipedia.org/wiki/Main_Page) の記事数にいたっては490万以上の項目数がある．英語版の方が扱われている項目数が多いだけでなく，各項目についての解説も充実していることが多い．

長所が短所と表裏一体なのは世の常で，それはウィキペディアも例外ではない．ウィキペディアの強みである誰でも記事を執筆，編集できることは，記事が正確であるとは限らないということでもある．書き手はベストを尽くしても，ある研究者の主張をそのまま書いたところ，実はその主張は誤りだったということもあるだろう．中にはあえて間違った内容を書いたり，誇張して書く者もいるだろう．2015年8月には英語版ウィキペディアにおいて，報酬を得ていることを隠して特定の企業や人物の利益のための書き込みがなされていた記事210本が削除され，381の編集者アカウントが停止されたことが報告された[※12]．

このようにウィキペディアは，その内容が正確であることが確保され

※12　朝日新聞2015年9月3日 web版：
http://www.asahi.com/articles/ASH932G37H93UHBI003.html　2015年9月3日アクセス

る程度は，専門家あるいは専門機関が責任をもって執筆した文章に比べて低い．学術論文でウィキペディアの記事を引用している例は見たことがないし，卒論でも特別な理由がないなら引用対象にするべきではない．また，レポートでウィキペディアを信頼できる情報源として扱うことも避けるべきだ．2007 年には米国のとある大学で，ウィキペディアをテストやリポートで引用することを禁止することが報道された[13]．ウィキペディアは非常に有用な知識・情報が集積されているが，卒論・レポートでは引用文献や参考文献にはできないと思っておこう．

13.3 Google で調べる

　ウィキペディアとは異なり，Google（図 13.2）などの検索エンジンでは，インターネットのほぼ全体から有用な情報を引き出すことができる．検索対象が広いことから，非常に多くのヒット数の中からどうやって知りたい情報を見つけだすのかが重要となる．

　たとえば台風とはどういうものであるのかを調べるとしよう．まず，「台風」で Google 検索すると，2015 年 9 月には 3000 万件以上ものヒットがある．上位には，台風の進路予想などの台風情報が表示されてしまう．

　では，「"台風の定義"」で検索してみよう．こうするとヒット数は約 30 万件となり，ほとんどのページが台風の性質を述べるものとなる．ここでダブル・クオーテーション（""）で語を囲んでいるのは，語順も含めて**完全に一致する場合のみ**ヒットさせるフレーズ検索という検索方法である．ダブル・クオーテーションで囲まないと，検索結果は「台風 定義」を検索キーワードにしたときと同じで，両方あるいは一方が含まれているホームページがヒットする．しかしこれでも内容は玉石混交なので，信頼できるページをまず読むために，「"台風の定義" site:go.jp」としよう．この go.jp は，前に述べたとおり日本の政府および関係機関のドメインであることを示す．そうすると表示されるサイトは 4,060 件とぐっと少なくなる．go.jp のドメインのサイトは，省庁や国の研究開発法人

---

[13] 朝日新聞 2007 年 2 月 23 日の web 版：
http://www.asahi.com/culture/news_culture/TKY200702220331.html　2015 年 9 月 3 日アクセス

などが業務として解説ページを作っているのだから、その内容は信用できる.

なお、ac.jp は日本の教育機関を意味するけれど、このドメインで作成される情報は go.jp で作成される情報よりも信頼性は低い。前述の通り、大学の中から発信されている情報でも、その信頼度は一様ではないのだ．

「"…の定義"」でヒットしない場合は，「"…**とは**"」を試してみよう．この型の文はたとえば，「地球温暖化とは，地球の気温が人間活動によって上昇することだ」のように，定義を与える文であることがほとんどである．もっとも，「…とはいえない」とか「…とは関係がある」というような，定義を与える以外の文にもヒットしてしまうことがある．

また，ドメイン指定やフレーズ検索以外にも，Google 検索には有用なオプションがある．それらのオプションをわかりやすく利用するには，まず Google で「Google 検索オプション」をキーワードとして検索して一番上に出てきたページを開こう（図 13.3）．この検索オプションでは，検索対象期間を設定したり，対象を pdf ファイルに限定したりすることもできる．ただし前者の対象の日付は，対象となるページが書かれた日

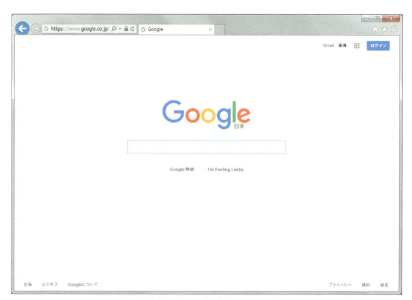

図 13.2　Google のトップ画面

付では必ずしもなく，ファイルがもっている日付であることに注意しよう．たとえば，3年前のホームページをあるディレクトリから別なディレクトリにコピーしたりアップロードし直したりすると，ファイルの日付が変わるので，日付オプションでは新しいファイルとして表示される．

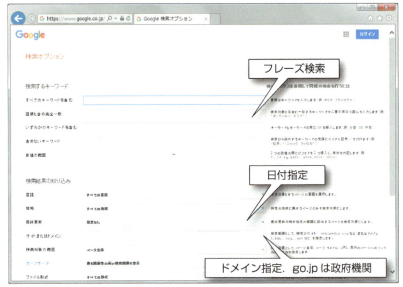

図 13.3　Google の検索オプション指定画面

第14章 インターネットで論文情報検索
(Web of Science, Scopus, Google Scholar)

14.1 文献引用データベース

　今日さまざまな論文検索システムがある中で，全分野に関する論文検索で一番よく使われているのは，トムソン・ロイター社が提供するWeb of Science Core Collection[※14]（以下 Web of Science と略記する）とエルゼビア社が提供する Scopus[※15] だろう．

　これらのデータベースでは，著者名やキーワードで論文の検索ができるほか，その論文がどの論文に引用されているのか，また何回引用されているのかを調べることができる．ただし，これら二つのサービスは有料なので，利用するには皆さんの所属機関が契約を結んでいることが必要である．一方，無料のGoogle Scholar[※16] でも，ある程度は引用関係を調べることができる．これらの引用関係を調べることが可能な文献検索のためのデータベースを**文献引用データベース**と呼ぶ．

　文献引用データベースで引用関係を調べられることは，学問がどう発展しているかを調べる上で，非常に有用である．たとえばある概念を提案した論文があったとしよう．その論文を引用する他の論文を調べれば，元論文が提案した概念がどう評価されているのかがわかる．文献引用データベースを使わなくても，ある論文が引用した文献は，その論文の引用文献リストに記載されている．しかし，その論文を引用している論文を広く調べることは，文献引用データベースを使わなくては不可能である．

※14　http://www.webofknowledge.com/
※15　http://www.info.sciverse.com/scopus
※16　http://scholar.google.co.jp/

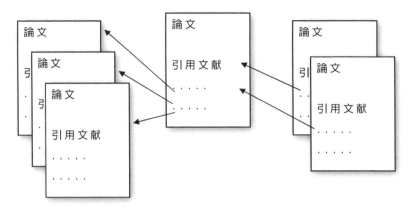

図 14.1　引用関係の概念図．中央の論文の引用文献リストを見れば，その論文が引用している論文（左側の論文）を知ることができる．しかし，中央の論文を引用している論文（右側の論文）を知るには，文献引用データベースを使う必要がある．

　また，引用回数がわかれば，重要な論文をある程度把握することができる．数多く引用されている論文は，おおむね重要な論文だと考えてよい．重要な論文を把握することは，あるテーマについて調べる上で非常に強力だ．文献引用データベースの出現以前にはあるテーマに関する重要論文を調べようとすれば，そのテーマの論文を 10 ～ 20 本読んでおおよその情報がつかめるというものだった．これにはかなりの時間がかかる．数時間から数日で大体の傾向がつかめる Web of Science や Scopus がいかに強力かがわかってもらえるだろう．

　もっとも，引用回数には重要性以外の要因も影響することは頭のすみに入れておこう．一般に論文の著者は自分の論文を引用しようとするので，著者が 1 人だけの論文よりも，複数著者の論文の方が引用数は多い傾向がある．また，仲間内で引用しあうことも多く，類似のテーマを研究する研究者が同じ部局に多数いる著者の論文は引用されやすく，仲間の少ない著者の論文は引用されづらい．こういう論文自体の価値とは異なるバイアスがあるので，単純に引用回数だけでその論文の重要性を議論することはできない．たとえば 10 回引用されている論文よりも，15 回引用されている論文の方が重要であるとはいえない．しかし，数回しか引用されていない論文よりも 30 回引用されている論文はおそらく重要だろうし，またそれよりも 100 回引用されている論文がさらに重要だと思って間違いないだろう．なお，最新の論文はまだ引用される機会が

十分ではないので，引用回数から重要性を測ることはできない．

Web of Science と Scopus は，その使い方の概要が，それぞれ数ページのクイック・リファレンス・ガイドで説明されている．どちらのガイドもよくできているので，これらのデータベースを利用する場合には目を通しておくと有益だ．これらのクイック・リファレンス・ガイドは，「クイック・リファレンス・ガイド Web of Science」などとネット検索することですぐに見つけることができる．

14.2 検索の対象

Web of Science で検索される範囲は，理系の場合は同社のデータベースである Science Citation Index（SCI）Expanded に収録されている学術雑誌が主であり，このほか会議発表論文（Conference Proceedings Citation Index）と書籍（Book Citation Index）などのデータも検索される．SCI Expanded に収録されている雑誌は，同社が定義するインパクト・ファクターをもつ．

インパクト・ファクターとは，ある雑誌に掲載された論文が，その後2年間に引用される平均回数である．引用回数はインパクト・ファクターをもつ雑誌の論文に引用された回数のみから求め，インパクト・ファクターをもたない雑誌に引用されても，引用された回数には含まれない．このインパクト・ファクターが高いほど，一般に影響力の大きな雑誌であるとみなされる．

Web of Science の SCI Expanded では 8500 誌あまりの学術雑誌が検索される．なお，Web of Science と Scopus で同じ論文の引用回数を比べるとそれほど大きな違いはないようだ．一方，無料の Google Scholar では，査読論文，学位論文，書籍，プレプリント，抄録（要旨），技術報告を検索対象としている．データの元は，出版社，学協会，大学等である．Google Scholar で得られる論文の引用回数は，Web of Science や Scopus よりも数割大きく出るようだ．

また，使い勝手の点でも，Google Scholar は Web of Science や Scopus よりも劣る．したがって，後者の有料サービスが使えるならそれを使うとよいのだが，Google Scholar でも相当の助けになるだろう．

14.3 Web of Scienceであるテーマについて調べる

Web of Science を使うには，購読している機関のネットワークから http://isiknowledge.com にアクセスする．最初に表示される図 14.2 が Web of Science の基本画面だ．なお，この画面のドロップメニューで，「Web of Science Core Collection」を選んでおこう．このメニューで「横断検索」を選ぶと，筆者の所属機関では BIOSIS citation index および Chinese Science citation database の情報も総合した結果が得られる．ただし横断検索では，この章の後で説明する「結果の分析」が使えないなどの違いがある．以下の説明では横断検索ではなく，Web of Science のみを対象として検索することを前提にする．

図 14.2　Web of Science の基本画面（Web of Science® Core Collection, トムソン・ロイター）

Web of Science の基本画面には 1 つの検索キーワード入力欄と，それに対応する検索項目のドロップ・ボックスが表示されている．検索項目には「トピック」「著者名」「出版物名」，論文題目である「タイトル」，

トムソン・ロイターが提供している研究者背番号である「Researcher ID」「出版年」，著者が所属する機関の「著者所属」「出版年」，インターネット上のデジタル識別子である「DOI」(1.11 節参照）などを選ぶことができる．また，より多くの検索キーワード入力欄と検索項目を使いたいなら，「検索条件を追加」をクリックすれば，検索キーワード入力欄と検索項目の組を増やすことができる（図 14.3）．

図 14.3　Web of Science の検索基本画面で，検索ワード入力欄と検索項目の組を 3 つに増やしたところ（Web of Science®，トムソン・ロイター）

　例として，気候についてどういう研究が行われているかを調べてみよう．図 14.3 の画面で climat*を「トピック」に入力してリターンを入れるか，「検索」ボタンをクリックする．ここでアスタリスク (*) は，任意の文字数の文字であることを意味する．したがって，climat* では，climate（気候）でも，climatic（気候の）でも，climatology（気候学）でも検索される．このように文字列の最初が一致する検索を**前方一致検索**という．逆に *mate のようにアスタリスクを最初に，検索する用語の一部を後に置く検索を**後方一致検索**といい，これも Web of Science で

利用できる．なお，検索項目のトピックは，検索キーワードが論文の題名・要旨・キーワードのどれかに出現する論文がヒットする．検索キーワードを題名だけにヒットさせたい場合には，検索項目を「タイトル」にすればよい．トピックにどういう検索語を入れるとよいかは，いろいろと試行錯誤しよう．たとえば，トピックに climate を入れても，気候関係の研究論文がすべてヒットするわけではない．あくまで，タイトル・要旨・キーワードに climate が入っている論文だけが対象になっており，気候変動に関する論文でも，たとえば気温変動（temperature variation）とか降水変動（precipitation variability）としか書いていなければ climate では引っかからないのだ．

　また，地球温暖化（global warming）のように連続した複数の単語からなるフレーズを検索させたい場合には，Google 検索と同様に "global warming" のように「"」（ダブル・クオテーション）で囲むとよい．単に global warming と入力するだけでは，global と warming が離れて出現する場合にもヒットしてしまう．

　より明示的にキーワードの間の関係を指定するには，AND，OR，SAME，NOT を使う．両方の単語を含む場合のみヒットさせるには，単語を AND でつなぐ．どちらかの単語を含む場合にもヒットさせたいなら，単語を OR でつなぐ．NOT はそれに続くキーワードを除外する．これらの AND，OR などを組み合わせることもでき，さらにカッコを使って優先度を決めることができる．たとえば climate とともに，Japan と Korea のどちらかを含む論文を検索するには，climate AND (Japan OR Korea) とする．

　Web of Science の検索では通常多くの文献にヒットするので，検索結果を上にあるドロップ・ボックスで「並び替え」を行ったり，左側にある「検索結果の絞り込み」で検索結果をさらに絞り込んで自分の興味にあった論文を探せるようになっている．多くの論文のうち，とりあえずは重要な論文をチェックしたい，という時に便利なのが引用数による並び替えだ．図 14.4 では「被引用数－多い順」を並び替えのプルダウン・メニューから選んだところである．そのメニューをクリックすれば，図 14.5 のように引用数の多い順に表示される．

　図 14.4 あるいは図 14.5 の検索結果の画面で論文題名をクリックすると，抄録（普通は要旨と呼ぶ）が表示される．要旨では検索キーワード

図 14.4 Web of Science 基本画面（図 14.2）で "climat*" をトピックに含む論文を検索した検索結果．30 万以上の文献があることが表示されている．著者名で表示されるのは最初の数名までで，et al.（その他）はそれ以外にも著者がいることを示している．論文題名をクリックすれば，要旨，キーワード，著者全員の名前などが表示される．この例では，「並び替え」のプルダウン・メニューで，「被引用数−多い順」を選んだところである（Web of Science® Core Collection，トムソン・ロイター）

がハイライトされて示されるので，自分が知りたい論文であるのかどうかを判断しやすい．

なお，図 14.4 や図 14.5 の全文表示（Full Text）ボタンをクリックすると，全文を読めるサイトに移動する．ただし，実際に全文を読むためにはその学術雑誌が無料公開されているか，もしくは所属機関が電子雑誌の契約を結んでいるか，個人で講読権利を持っているかのいずれかが必要である．

図 14.5 の検索結果で表示された論文を**どの論文が引用しているのか**を知るには，「被引用数」の数字をクリックすればよい．すると，その論文を引用した論文の一覧が表示される．これこそ，引用回数が表示されることと並んで，Web of Science などのデータベースの特徴だ．

第 14 章 インターネットで論文情報検索（Web of Science, Scopus, Google Scholar）　131

図 14.5 図 14.4 の検索結果を引用回数の多い順に並び替えたもの．被引用数をクリックすれば，当該論文を引用している論文の一覧が表示される（Web of Science® Core Collection，トムソン・ロイター）

　検索結果が多すぎる場合には，「絞り込み」が便利だ（図 14.4）．この絞り込みでは，検索結果を対象に，キーワードを指定して絞り込む検索をするか，チェック・ボックスで絞り込む項目を選ぶようになっている．
　キーワードを与えて絞り込み検索をするには，図 14.4 の「検索結果の絞り込み」のすぐ下にある入力欄にキーワードを入力してその右の「虫眼鏡」ボタンをクリックする．これはトピックにキーワードを追加するのと同じ効果がある．
　一方，絞り込みのチェック・ボックスは，いくつかのカテゴリーについて用意されている．このカテゴリーは，「研究領域」「研究分野」「ドキュメントタイプ」「著者名」「出版物名」などである．あるカテゴリーのチェック・ボックスが見えない状態から，そのチェック・ボックスを表示するには，カテゴリーの右の "◀" マークをクリックする．カテゴリーのすぐ下に表示できるチェック・ボックスの数は 5 個だけで，よ

り多くのチェック・ボックスを表示するには，チェック・ボックスの下にある「その他のオプション…」をクリックする．

　たとえば，図 14.4 の「出版物名」について，多数のチェック・ボックスを表示させたのが図 14.6 になる．ここで自分が関心をもっている分野の雑誌名をチェックして「絞り込み」ボタンをクリックすると，それらの雑誌等で出版された文献だけに絞り込んだ検索結果が次の画面で表示される．雑誌名の指定は検索入力画面（図 14.3）でも，検索項目を「出版物名」にすることで可能だった．ただしその場合には，アスタリスク（*）を使って雑誌名の一部を省略できるとはいえ，正しい雑誌名を入力しなくてはならないので入力も手間だし，どの雑誌名を選ぶかをあらかじめ決めておかなくてはならない．しかし絞り込みでは，示された雑誌名にチェックを入れればよいので，雑誌名を入力する手間もかからないし，正しい雑誌名を覚えておかなくても大丈夫だ．

図 14.6　図 14.4 の検索結果の絞り込みで出版物名のカテゴリーの下の"その他のオプション…"をクリックして多数のチェック・ボックスを表示させ，いくつかの雑誌を選んだところ（Web of Science® Core Collection，トムソン・ロイター）

14.4 Web of Scienceである著者の論文を調べる

　ある人がどういう研究をやっているかを調べたい場合は多い．たとえば，非常に面白い論文を書いたあの研究者は最近何をやっているのだろうか？　と思った場合には，図14.3の検索基本画面の検索項目を「著者名」にして，検索フィールドに著者名を姓とイニシャルで入力する．たとえば，北極振動の提唱者として有名なThompsonは，Thompson DWJと入れる．イニシャルの検索方法は前方一致になっていて，Dだけでも DWJ にヒットする．Thompson DWJ ではなく，イニシャルが一文字の Thompson D を検索するには，ダブル・クオテーションで囲って"Thompson D"とすると，完全ではないがある程度区別できる．

　同姓・同イニシャルが出てくる場合は，「著者所属」にも検索キーワードを入れて区別しよう．この際に有効なのがSAME演算子である．たとえば北大・理学なんとかの著者を調べたいなら，図14.4の著者所属に，

　　　Hokkaido Univ SAME Sci

と入れる．SciはScienceまたはScientificの省略形で，どちらにもヒットする．上の場合はSciの代わりにScienceを入力しても同じ結果となる．Web of Scienceではこのように，所属に使える省略形が決められている．ここでSAMEは，著者の中の一人の所属情報の中に"Hokkaido Univ"とSciの両方が含まれることを意味する．ANDは，（Web of Scienceでは）すべての著者情報に複数のキーワードが含まれていることを意味するため，単に

　　　Hokkaido Univ AND Sci

とするのでは，ある著者がHokkaido Univに所属し，別な著者が他の大学のSciに属する場合もヒットしてしまう．なお，著者所属に二つの単語を入れるとダブル・クオテーションマークで括らなくても，自動的にフレーズ検索になる．

　著者を名前や著者所属から同定するのは難しい場合も多いので，それを一意に決めることができる，文献データベースとはまた別のResearcher IDやORCID（Open Researcher and Contributor ID）というサービスを活用して文献データベースで著者を特定した検索も可能

な場合がある．つまり，もし，研究者が Researcher ID または ORCID を利用して，そのサービスの自分の ID と自分の論文とを紐付ける手続きをマメに行っているなら，Researcher ID または ORCID を Web of Science の検索項目に選んで，その ID の値を検索ボックスに入力すれば，その著者が書いた論文をモレなく得ることができる．ただし，著者が ID を取得していなければまったく使えないし，紐付け作業をマメに行っていないと検索モレが特に最近の論文について多くなってしまう．なお，Researcher ID のサービスは著者向けサービスのほかに一般向けのサービスがあり，後者では誰でも Researcher ID に登録している研究者の論文タイトルや引用数を見ることができる．

　所属だけを指定して，著者名やトピックを指定しなければ，その組織の全論文が表示される．大学院進学などで迷う場合には，その大学院の論文と引用度を調べておくと判断の助けになるかもしれない．

　トピックと著者所属とを合わせて検索することもできる．例として，日本の機関に所属する著者が書いた気候の論文で，どういった研究があ

図 14.7　検索基本画面で，トピックに climat* を，著者所属に Japan を入れて，気候関係論文のうち日本の研究機関に所属する著者が含まれている論文を検索して引用件数順に並び替えた結果（Web of Science®，トムソン・ロイター）

るのかを調べてみよう．検索基本画面（図14.3）で，トピックに climat*
を入れ，著者所属に Japan を入れてみよう．これで日本の研究機関に
所属する研究者が著者に参加している論文で，気候に関係するものを表
示することができる．しかしこの検索を行っても，引用数上位の論文著
者に，あまり日本人らしい名前が見えない．これらの論文の多くは国際
執筆チームによって書かれた論文であり，日本人著者が一覧表示で示さ
れない4名以降に含まれているためだ．その点では論文の第一著者や投
稿を取り仕切った reprint author を日本所属に限定して検索できるとい
いのだが，残念ながら現在の Web of Science では（後に述べる Scopus
でも），第一著者を日本の研究者に限って検索することはできない．こ
うした機能が将来は加わることを期待したい．

　検索結果に対する「結果の分析」もなかなか便利だ．たとえば，大学
院をどこにしようかなと考えている時に多くの検索結果が出てきても，
それを消化するのは難しい．こういう時には，手っ取り早くあるテーマ

図14.8　図14.7の画面で「結果の解析」をクリックして，研究機関別の論文数ランキングを求めた結果．ランク付けする基準は，「著者」「所属機関」「国/地域」「出版物名」などから選ぶことができる（Web of Science® Core Collection，トムソン・ロイター）

について研究機関別のランキングなどが知りたいということもあるだろう．検索結果をさまざまにランキングするには，検索結果の図の右上にある「結果の分析」ボタンをクリックしよう．例をあげると，図14.8は図14.7の結果の分析を押して，さらに次の画面の結果を順位づけする基準である「このフィールドでレコードをランク付け」で，「著者所属」を選び，分析した結果である．機関別の論文数が数値と棒グラフで示されている．なお，この結果でも，かならずしも日本の研究機関だけが示されるわけではないことには注意しよう（たとえば7位になっているChinese Acad Sci（中国科学院）は中国の機関である）．

同姓同イニシャル各国事情

　欧米は大体，姓に違いがあって，名はWilliamとかGorgeというように決まりきったのが多いようだ．そのため，姓を省略せず，名はイニシャルというのは合理的だ．また多くの人がミドルネームをもっているので，イニシャルがたいてい2文字以上あるというのも，姓とイニシャルでおおよそ区別できるということになる．

　一方，日本ではミドルネームがないため，多く使われている姓の場合，姓とイニシャルだけで区別するのは難しい．たとえばある時，私の研究室と隣の研究室にY. Sasakiという学生が3人もいた．この場合，姓とイニシャルだけで特定することは難しい．これは検索する読者の側だけでなく，検索される著者の立場でも困った問題だ．中国や韓国では同姓同イニシャルは日本以上に多い．

　この問題を著者が自衛する一つの方法は，論文執筆のペンネームにミドルネーム（イニシャルだけでもよい）をつけることだ．たとえば上記の3人のSasakiの1人は，Yoshinori Sasakiという名前を，論文ではYoshi N. Sasakiと表記することにして，イニシャルではY. N. Sasakiとしている．名前を覚えてもらうにも，外人にとってYoshinoriでは覚えづらいが，Yoshiはずっと覚えやすいというメリットもある[※17]．

14.5 Scopus で調べる

図 14.9 は Scopus の基本画面だ．検索フィールドは Web of Science 同様，プルダウン・メニューによってどういう内容について検索するかを選ぶようになっている．検索フィールドのデフォルトは論文タイトル，抄録，キーワードであり，Web of Science のトピックと同じである．検索フィールドのプルダウン・メニューをクリックすれば，著者名，第一著者名，ジャーナル名，論文タイトル，抄録，キーワード，著者所属機関，本文言語，DOI，会議名などから選ぶことができる．第一著者名で検索できるのは Web of Science にはない機能である．

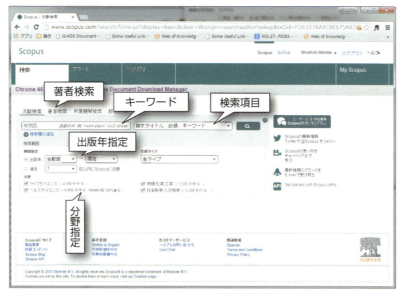

図 14.9 Scopus の基本画面

フレーズ検索は，Google および Web of Science と同様で，"climate variability" とダブル・クオテーションでフレーズを囲む．climate variability とすると，climate と variability の二つが連続の有無を問わ

※17 私の知り合いの男性に，名が Keiichiro という方がいて，Kei, Ichiro と Kei を middle ネームとするペンネームを使っている．Kei は海外では女性につける名前と認識されるらしく，メールのやり取りなどではたまに女性に間違えられたそうだ．しかしペンネームといっても研究者は途中で変えるのは難しい．変えるとそれまでの業績が他人のものであるように思われてしまうため，ペンネームをつける場合には自分の性に合うものにしよう．

ずにヒットする．Scopus でも Web of Science と同じく，前方一致検索と後方一致検索を使うことができる．

著者名の検索では，Web of Science 同様「Yamada T」とすると，Yamada Taro にも，Yamada T. にも，Yamada T. A.（著者がミドルネームをもつ）にもヒットする．Web of Science では，Yamada T. A. を検索するには，「Yamada TA」とファーストネームとミドルネームのイニシャルをくっつけて検索式に入れなくてはならなかったが，Scopus では「Yamada T A」とファーストネームとミドルネームの間にスペースが必要である．なお，Scopus では著者所属機関に AND でつないだキーワードを入れると，Web of Science の SAME 同様に，1 人の著者の所属に複数キーワードがある場合のみヒットする．

また，著者検索タブをクリックして進む画面では，姓，名，そして所属を指定して特定の著者を探すことができる．この著者検索はなかなか精度がよく，容易に著者を特定できる．

Scopus で検索すると図 14.10 の画面になる．Web of Science とよく似た配置となっている．左側に検索結果内検索と絞り込みが並び，右上に並べ替えメニューがある．文献の表示は縦方向に密に並んでおり，画

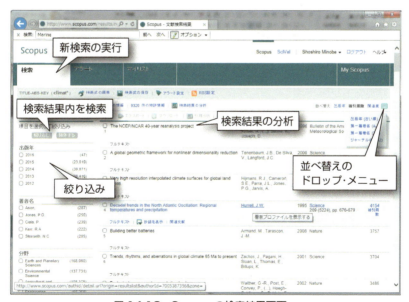

図 14.10　Scopus の検索結果画面

面の利用効率がよい．検索結果で Web of Science と異なる点の一つは，印刷中（in press）の論文も表示されることだ．今日多くの学術雑誌で，正式な出版の数ヶ月前から電子ファイルが閲覧できるようになっている．それがわかることは，展開の速い分野では非常に有用だ．

　Scopus の「検索結果の分析」は，対象となる項目は Web of Science とほぼ同じだが，分析結果の表示が Web of Science よりもわかりやすいグラフで表現される．たとえば，図 14.11 は climat*で過去 10 年の論文を検索して，その結果の分析をジャーナル名について示したものだ．各年の雑誌ごとの論文数が図示され，Plos One という雑誌が急成長していることがよくわかる．同じ操作を Web of Science で行うと，最近 10 年の合計が棒グラフで示されるだけで，時間的な変化はわからない．全体として，検索結果の分析は Scopus の方が Web of Science よりも詳しい情報をわかりやすく示してくれる．

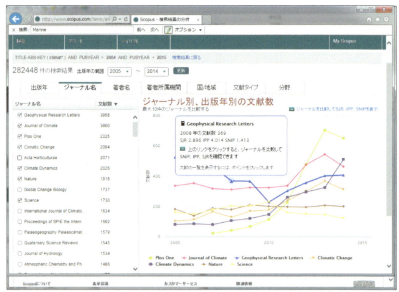

図 14.11　Scopus で climat*のキーワードで過去 10 年間（2005 年から 2014 年）を検索し，その結果を「検索結果の分析」（図 14.10）をクリックして，さらにジャーナル名のタブを選んだ結果．この画面で，グラフの線にカーソルを合わせると吹き出しで説明が出る．

14.6 Google Scholar で調べる

無料の Google Scholar は，有料の Web of Science や Scopus に比べると機能や検索結果の精度が高いとはいえないものの，誰でも使えるのは非常にありがたい．

Google Scholar の基本画面には（図 14.12），検索フィールドが一つしかなく，初心者に使いやすいとはいえない．検索ボックスの右にある検索オプションを利用する方がよい（図 14.13）．

検索オプション画面での検索語を入れる検索フィールドは，「すべてのキーワードを含む」「フレーズを含む」「いずれかのキーワードを含む」「キーワードを含まない」を組み合わせて使うことができる．また，「検索の対象にする箇所」は，「記事全体」か「記事のタイトル」のどちらかを選ぶ．Scopus や Web of Science では標準の検索対象は題名・要旨・キーワードであったが，Google Scholar ではそこまでに対象を限定することはできない一方，商用のデータベースでできなかった論文全体に対する検索が可能となっている．

なお「記事全体」を選んでも，論文によっては実際に全体が検索対象にはならないようである．特に電子的に公開されていても，昔の論文はイメージ・データとして公開されている場合もある．こういう場合には，おそらくそのテキストとしてデータベースに読み込むことができないために，論文本文の単語を検索キーワードに指定してもヒットしない例がある．

Google Scholar で，同姓同イニシャルや同姓同名が多い人を検索するのは難しい．なるべく絞り込むにはフルネームをフレーズ検索で，つまりダブルクオテーション（"）で名前を囲って，scholar 検索オプションの「著者」欄に入力するのがいいようだ．これでも同姓同名は区別できない．特に Google Scholar には，住所や所属機関という検索フィールドがないのが問題である．所属機関を入れるなら，一般の検索語として所属機関を入力するしかない．しかも Google Scholar ではいろいろな情報元があるためか，所属機関がきちんと登録されていない場合もあるようだ．

全体として，Google Scholar は Web of Science や Scopus に比べると使いやすいとはいえない．特に，著者の所属の検索フィールドを選べな

いこと，検索結果の並び替えができないことは，使い勝手の点で劣っている．

しかし，無料にもかかわらず，引用数やある論文を引用している論文がわかるという意味は非常に大きい．Google Scholar の登場前は所属機関で Web of Science か Scopus の契約をしていないかぎり，論文の引用回数や他のどの論文で引用されているのかを調べる方法はなかった．したがって Web of Science や Scopus を使える機関かそうでないかは，研究環境で大きな差になっていた．もしあなたの所属機関で Web of Science と Scopus を使えず，原著論文を読む必要があるなら，Google Scholar を使わない手はない．

図 14.12　Google Scholar のスタート画面．これを使うよりも，「Scholar 検索オプション」をクリックして図 14.13 の画面を使う方が使いやすい．

図 14.13　Google Scholar の「Scholar 検索オプション」画面

第四部

実験レポート・卒業論文の執筆

　実験や研究の結果を図にまとめ，必要な用語や先行研究の下調べも一通りしたら，後はレポート・論文の実際の執筆だ．ただしこの執筆という作業は，ただ文章を書くだけではない．大きく分けると，「論点の整理」と，「文章書き」，そして「チェック」に大別できる．第1稿を書き上げたらそれで終わりではなく，「チェック」と「文章書き」（訂正）のくり返しを行わなくてはならない．これらについてこの第四部で説明しよう．あわせて，文章をチェックするポイントをまとめたチェック・リストを示す．

第15章 論点メモをつくろう

15.1 目次と図表の順序

　まず目次を決めておこう．レポートや論文の節構成の基本は第1章・第2章で説明したように決まっているので，それで大体は済むだろう．ただし，「結果」の節を複数の節で構成するなら，7章で説明した並列性を意識してどういう節のタイトルにするかをはっきりさせておこう．もちろん，目次を後から変えるのはよくあることだ．最初の目次は仮のものと思っておこう．

　次に，図・表の順序を決めよう．実験レポートや論文で中心になるのは「結果」であり，主要な結果は図・表を使って説明される．図表の配置では，10.1節でも述べたように，なるべく**重要なものを先に**したい．またこの場合も並列性を考慮しよう．たとえば，3つのサブテーマについて結果を出すなら，それぞれについて同じような図を出すと読者は内容を把握しやすい．

　図表の順序を決めるのと同時に，全体の流れを考える．つまり大事なポイントをこういうふうに強調して，それを生かすように「はじめに」はこう書いて，「結論」ではこうまとめる，というイメージをもっておくことが必要だ．十分頭の中で流れをイメージできるなら，直接文書を書くことができる．ただし，それが難しい，どう書いていいかわからないというなら，次の二つの節で説明する論点メモをつくってみよう．

15.2 からまったらほどこう

　一応，図は並べてみたものの，なかなか書けないというなら，多くの情報が頭に入っているためにうまく整理できなくなっていると考えられる．つまり，おおまかな流れから比較的細かい問題点までが一緒になり，紐がからまってほどけない状態になっているのだ．こうなってしまうと，

頭の中だけで解決するのは無理だ．短期記憶は7±2程度だから，それをこえる情報はうまく処理できない．絡まった情報をほどくには，短期記憶を開放できるように，紙やパソコンの画面を使ってアイディアを整理しよう．

アイディア整理のポイントは，**何を書くかという項目をリストアップすること**だ．こうすることで，その一部をどう書くかに集中できるようになる．こうやってほどけなかった情報の塊を，節なり段落なりに対応するように分けてしまえば，書くのはぐっと簡単になる．執筆にかぎらず，**難問に対しては分断して各個撃破**することを頭に入れておこう．

15.3 論点メモの作成

論点メモとは，レポート・論文に盛り込むべき論点を，**箇条書き**で書き出したものだ．手書きではなく，ワープロで作成しよう．その方が手書きよりも，修正および論点メモを元にした文章化が容易だ．論点メモでは，字下げや行頭文字で項目のレベルを表現するとよい．

レポートや論文で一番重要なのは，「結果」の節なので，この節については特に論点メモを作る意味が大きい．「結果」の次には「考察」「結論」「はじめに」という順で論点メモの価値があるだろう．

論点メモには文だけでなく，使用する図・表も入れる．レポート・論文では，図が十分に論点を支持し，個々の論点が自分の全体的な主張，すなわち結論を支えていることが必要である．論点メモに図・表を入れることで，図・表と論点をすぐ対比でき，図・表で主張できないことを主張したり，主張するべきことが抜け落ちたりという問題が回避できる．図を含めた論点メモの例を，図15.1に示す．

草案を見てもらえる実験仲間や指導教員がいるなら，論点メモを書いた時点で意見をもらうことは有益だ．特に完成度を高める必要のある投稿論文では，必ずこの段階で教員に目を通してもらおう．私の研究室では，卒業論文はさておき，学術雑誌に学生が書く研究論文では必ず図と表の要点をまとめてもらい，2・3回やりとりをしてから実際の執筆に入っている．労力をかけてきっちり文章化してから見てもらって，もし大幅な変更や削除が必要になると，その文章化の努力が無駄になってしまう．すぐれた学生ほど，こまめに教員に見てもらっているように思う．

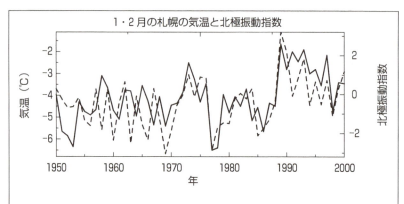

図 15.1　図に関する論点メモの例．図の下に，その図について何を述べるべきかの論点を箇条書きで書く．●はトピック・センテンスに想定する内容である．

なお，人に見てもらう論点メモには，図 15.1 のように，必ず図の説明文をつける．

15.4　一直線のストーリーを目指そう

　複数の論点メモの連なりに対応する論文全体の論旨の流れ，つまりストーリーを，なるべく直線的になるように構成することも論文全体を簡潔明快にするには重要だ．**直線的なストーリー構築は**，日本人は西欧人に比べて苦手なのではないかと思う．直線的ではない論理構造や文章構造が，日本では一般に広く受け入れられているので，それに日本人は馴染んでいるためだ．たとえば「起承転結」は広く知られた文章構造だが，この「転」は直線的なストーリーとは相容れない．

　理想は図 15.2 に示す直線的なストーリーで，「起承承…承承結」といえるだろう．直線的ストーリーは数ページのレポートでは十分可能だが，さすがに卒論ではそう単純にはできず，脇道に入らなくてはならないこともある．その場合でも**脇道はなるべく短く**して，すぐ本筋に戻ること

が重要だ．脇道が長いと，読者がストーリーの本筋を見失って迷子になってしまうのだ．脇道は必要最小限にして，その長さは1段落またはより短くしよう．

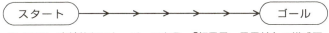

図 15.2　直線的なストーリーである，「起承承…承承結」の模式図

図 15.3　わずかな脇道しかない，ほぼ直線的なストーリーの模式図

15.5 紙に手書きのアイディア整理

　文章化に親和的な一次元構造という型にはまった論点メモよりも，より自由にアイディアを練る方がよい場合もある．特に漠然としたアイディアの整理の場合は，論点メモにはなかなかなじまない．その場合は，紙に手書きするアイディア整理がおすすめだ．

　紙に手書きしてアイディアを整理する場合には，適当な紙にアイディアの項目をあげ，項目間に線を引いて関係を示したり，丸で囲んでグループ化するという作業が基本になる．重要性の相違がわかるように，3色や4色のボールペン（（黒）・青・赤・緑）を使うとよい[18]．紙の大きさはある程度大きい方がよい．私はB5かA4のノート1ページがやりやすい．

　紙に手書きするアイディア整理は，項目をすべて出し，また項目間の関係を見つけるのに効果的だ．紙を使う方がワープロよりも自由に関係を示すことができる．また，重要性の違いを色で表現するのも容易である．さらに，ワープロでの論点メモの作成では，タイピングが遅いと思考の妨げになるが，紙に手書きならそういうこともない．

　必要に応じて紙に手書きするアイディア整理も活用しよう．

---

[18] 斉藤 孝氏は「3色ボールペン情報活用術」（角川書店）で，3色の使いわけを提案している．青は普通，赤は重要というのは珍しくないが，緑を自分なりに面白いと思うことにあてるということに特徴がある．実際にやってみると，なかなか具合がよい．

第16章 Write! 〜書くことは考えること

16.1 第1稿は一気に書こう

　第1稿は，できるだけ一気に書き上げたい．まず全体を書くことが大事だ．書いていない部分を大きいままにしてある部分の文章の完成度を高めても，全体が書き上がった際に，全体のバランスからその部分が不要になるかもしれない．こういう無駄を防ぐためには，とにかく全体を書いてしまう方がいい．また，一気に書いてしまう方が結局楽である．書くという作業は，最初は相当なエネルギーがいる．そしてどんな作業でもそうであるように，作業をやり続けるにしたがって，だんだん楽になってくる．間を空けてしまうと，再スタートにはまたエネルギーが必要になってしまう．

　勢いをつけるためにも，書きやすいところ，書けるところからどんどん書いていこう．短いレポートなら頭から書くことが多いだろう．卒論で「はじめに」が書きづらいなら，一般に「研究方法」が一番書きやすく，次に「結果」が書きやすいので，このどちらから書きはじめるとよいだろう．「はじめに」と「考察」は比較的書くのが難しい．とはいえ，「はじめに」でどういう研究目的と研究内容を掲げるのかは，十分に心積もりをしておこう．この研究目的と研究内容に対して，結果が十分に整合的なものである必要があるのだ．

　ちょっと書けないという部分は，後ですぐわかるようにしてどんどん先に進もう．たとえば私は@@@というマークを入れておく．なるべく勢いを落とさない方がいいのだ．

　この段階では，書いておいて役に立ちそうなことは，とにかく書きこむ．つまり多めに書く．文章は多めに書いてから削る方が，ひきしまったよい文になる．したがってボリュームが多すぎるのは気にしなくてよい．逆にボリュームが少なすぎるのは問題だ．文章は削れば引き締まるが，無理に増やしても水ぶくれにしかならない．

論点メモを作成したなら，そのファイルを別ファイルにコピーして，論点メモを膨らませて文章化するとよい．つまり論点メモからトピック・センテンスを作り，さらに段落を書いていくのである．このように文章に発展させられることが，論点メモをワープロで作ることの利益だ．

16.2　書きながら直す

　1段落を書いたら，トピック・センテンスがちゃんとしているかを，まずパソコンのディスプレイ上でチェックする．トピック・センテンスとしてよくなければ，ここで直しておこう．

　トピック・センテンスに対して段落の内容が過不足ないかも，一応ディスプレイ上でチェックしよう．簡単に修正できるならすぐ直そう．しかし修正に時間がかかるようであれば，とりあえず先に進もう．

　書くのが難しいと感じるところは，トピック・センテンスを書くことに集中しよう．よいトピック・センテンスさえ書ければ，その段落は書けたも同然だ．トピック・センテンスがうまく書けないところは，前節で述べたようにアイディアと論点を整理しよう．

16.3　図・表の説明の3段階をモレなく書く

　理系の論文・レポートの核となる図・表についての説明には3つの段階があり，それをモレなく書かなくてはならない．すでに述べたこととの関連にふれながら，その3段階を説明しよう．

　第一の段階は，その図がどういう量を示しており，縦軸・横軸は何であるかという，図の内容自体を理解するために必要な説明である．この説明は，図の軸ラベルやタイトル（4.7節参照）と図の説明文（4.8節参照）でするべきだ．第二の段階は，その図でどういった主要な特徴が見られるかの説明だ．6.6節で述べたとおり大局的な特徴からはじめて，詳細な記述へと進む．第三の段階は，自分の論文やレポートのストーリーを構成するうえで，その図で注目するべき特徴とその意味である．この3つの段階を不足なく示すことで，図・表で示される重要な結果を読者に伝えることができる．

この3段階の説明はポスター発表や口頭発表でも大事だ．発表初心者は，つい第一・第二段階を抜かしてしまうことがある．発表者は図に十分なじんでいるために，第一段階や第二段階を説明する必要を感じずに，「この図から…がわかります」と図の意味だけを説明すればいいように思いがちなのだ．しかし聴衆はその図を初めて見るのだから，縦軸・横軸を含めた図の内容，主要な特徴，注目する特徴とその意味，という3段階を省略せずに説明しなくてはならない．

第17章 チェック〜書くことは直すこと

17.1 流れをチェック

「あー．やっと書き上がった．さあ提出してこよう．」とはいかない．

文章書きで重要なのは，チェックと直しだ．文章の完成度を高めるためには，十分に時間を取って真剣に直そう．しっかり直す経験こそが，文章を書く能力を高めるのだ．

一通り書いたら，印刷して文章を読み直す．あまり文章の細かいことを直しても，ばっさり削除して無駄になる可能性もあるので，まずは全体の構造が大丈夫かどうかを，トピック・センテンスに着目し，段落の配置についてチェックしよう．つまり全体の論理の流れをチェックするのだ．

まずトピック・センテンスをひろい読みして，全体の流れを理解できるだろうか？ 理解できなければ，トピック・センテンスとして不十分な文が置かれているか，論理が飛躍している可能性が高い．論理の飛躍の原因は，十分な説明がないか，配置が悪くてつながらないかのどちらかだ．十分な説明がない場合には，8.4 節で説明したように不足している部分の説明を増やさなくてはならない．配置が悪い場合は，段落単位で移動する．特に 8.1 節で述べたように，関係する内容が離れた場所に分散していないかに気をつけよう．

周囲とフィットしない段落は，思い切って削除しよう．とはいえ完全に削除するのは，後で使うかもしれないと思うとなかなかやりづらいので，なにか専用のファイルを決めて（たとえば本文から出たという意味で out.docx とか），そちらに移動しておくと気が楽だ．もっとも，移動した材料を使うことはほとんどない．

トピック・センテンス同士のつながりが大丈夫なら，段落の内容がトピック・センテンスと対応しているかどうかを見る．つまりトピック・センテンスがもたらす予想からはずれる文がないか，トピック・センテ

ンスの予想に対して十分説明を尽くしているかをチェックする．トピック・センテンスからはずれる内容は，重要であればそれを入れる段落を作り，さほど重要でなければすっぱり削除する．この段階のチェックはより細かい文章チェックと同時に進めてもよいが，他人に見てもらう場合には，細かい問題はさておき，まず段落の内容がトピック・センテンスと対応するようにしておこう．

トピック・センテンスに対して段落が過不足なくなったら，より細かいチェックを行う．なお，ある程度文章がよくなってくると，それまでわからなかった矛盾が見えて，より大きなレベルに戻って変更しなくてはならない場合もある．そういう試行錯誤が必要になることを意識しておこう．最終的には，あらゆるレベルで文章全体を磨き上げるのだ．

チェックで大事なのは，チェックした部分の直し漏れがないことだ．つまり，原稿をプリントして，おかしなところはどう直すべきかを書き込む．そしてそれを実際に直したら，直したということがわかるように印をつけよう．たとえばどう直すかを赤で書いたら，直したところは青マーカーか青ボールペンで囲む．このように印をつければ，一通り直した後に直したかどうかが一目でわかるので，直し漏れを防ぐことができる．自分で直すのならまだよいが，他人に繰り返し見てもらう時には，前に指摘された部分は確実に直そう．そうでないとその他人がどっと疲れるのだ．

17.2 自己チェック

文章を書くことの作業の相当量はチェックして改訂することだ．このチェックの主体になるのは，自分で行う自己チェックである．

自己チェックでは，問題点や改善方向を原稿に簡単に書いておいて，その意味を忘れないうちに改訂するとよい．つまりチェックとそれに対応する改訂作業とをあまり間を置かないことで，チェックの際の書き込みを簡単にできる．この改善方法をごく簡単に書けるというのは，自己チェックの最大の利点だ．他人の原稿をチェックする場合には，どう直すべきか，場合によってはなぜそう直すべきなのかの説明をすることが必要になり，チェックをする者の負担ははるかに大きい．

問題はあるがすぐに直す方法が見あたらないという場合は，原稿にマ

ークをつけておこう．たとえば私は，問題が大きいところは，プリントアウトに☆星マークと，問題点の1行程度の簡単な説明をつけておく．ワープロで改訂する際に，それにしたがって直せばよい．私の場合は，すぐ直せないなら，16.1節で述べた，とりあえず書いていないことを示すのと同じマーク @@@ を付け，さらにどう直すかの概要をワープロ・ファイルの該当部分に書いて，目立つように赤色フォントにしておく．たとえば「@@@ここはもっと膨らませる」とか「@@@ここはわかりづらい」という具合である．こうすれば，直しが必要だがまだ直していない部分を，検索で見つけることもできる．また，原稿をチェックする際に問題を再発見する手間を防ぐことができる．

　ほぼ完成に近づいたら，**少し時間を置いて**寝かせてからチェックしよう．最低でも一晩，できれば1週間は寝かせたい．書いている際には，いろいろと考えながら書く．特にすっきりと書くことができないところほど，いろいろなことを考えるものだ．そういった部分は，書いた直後に読み直しても，「いろいろな考え」がまだ頭に残っているために，文章のまずい点に気がつかない，あるいは気がついてもやむを得ないと目をつぶってしまう．しかし，そういったいろいろな考えが，ある程度時間をおいて抜けた後なら，より適切に自分の文章のまずい点を把握することができる．

17.3　他者チェック

　他人にチェックしてもらえば，自分でチェックするのに比べてはるかに客観的な意見が得られる．最善を尽くして書いた文章を他人に批判されることこそ，自己チェック以上に文章作成能力を向上させるのに有効だ．友人や同じ分野の若手研究者同士で，論文を読みあい，チェックしあうチャンスがあるなら，ぜひそのチャンスを生かしその関係を育てよう．もちろん学生・大学院生という立場であれば，指導教員から建設的な批判を受ける機会も最大限活用しよう．給料をもらうようになったら職場で指導を受けられるとはかぎらないのだ．

　他人にチェックしてもらうとよいタイミングは，だいたい次の3つである．

> 1. 目次ができた段階
> 2. 論点メモ（15.3節）ができた段階
> 3. 原稿を書き上げ，自己チェックが終わった段階

このうち卒業論文であれば，最終原稿はおそらく教員にチェックしてもらうだろう．しかしチェックの機会がそれだけだと書き手も読み手もかえって労力がかかる．そこで，1か2の段階でも一度教員にチェックしてもらう方がよい．私が学生の論文を見る場合は，実験レポートは3の段階だけだが（ただし個別に要望があれば1〜2も相談にのる），卒論は1と3の段階で，学生が書く投稿論文は2と3の段階でチェックしている．

大学の授業でも，皆さん自身が他人の文章を読んで問題点を指摘する機会があるかもしれない．そういう場合には，わからないところは，はっきりわからないと言おう．「なんとなく言いたいことはわかるんだけれど．．．．」というようにやさしく語尾を濁すことは，本人のためにならない．

一方では，**文を憎んで人を憎まず**で，人を批判するような表現は避けよう．たとえば「君が書いていることは，さっぱりわからない．」といえば，友情にひびが入るかもしれない．この言い方は，批判している対象である文章と書き手とを十分に離していないので，あたかも人格を批判しているように響く．そうではなくて，「．．節の．．．という主張はその証拠との関係がわからない」というように，批判の対象が特定の文章であることをはっきりさせて，具体的に述べると相手も落ち着いて受け入れられる．

いわれる方も，個人攻撃されているのではないので，「いやこういうつもりだったんだけれど」と弁明はしないこと．過去にどういうつもりだったかはどうでもよく，問題はこれからどう直すのかだ．

しかし他人の添削には限界もある．変更が多くなると赤ペンではできない．たとえば説明の順番を変えてそれに応じて段落の中身を変える，という程度の変更でさえ，赤ペンではなかなか困難だ．また，トピック・センテンスが機能していない場合には，他人にとって何をいっているのかわからないので，直しようがないかもしれない．したがって，他人に

文章を見てもらう場合には，その前に自分自身でトピック・センテンス同士のつながりと，トピック・センテンスと段落レベルの関係はチェックしておこう．

　もっとも，実験レポートや卒業論文は，実際にはよほどひどくなければ単位を認められるので，まずい文章でもそれを赤ペン添削すれば合格するレベルには達する．しかし，学術雑誌に出す論文はそうはいかない．この雑誌の掲載には不適当だと判断されて，不採用となる割合は決して少なくない．したがって受理されるためには，論理展開を含めて完成度を高める必要がある．将来そういう論文を書く場合には，上の2か3のどちらかのタイミングで指導教員に見てもらうとよい．そうすることで，不適当な主張をしたり，筋の悪い論理展開をしていることを早めに知ることができ，より完成度の高い文章に速く到達できる．

17.4　徹底自己チェック

　本当に文章の完成度を高めようと思えば，問題を見つけられなくなるまでチェックと改訂を繰り返すことが理想である．他人に見てもらえるのは1度か2度なので，このチェックと改訂の繰り返しのほとんどは，自分で行うことになる．

　効率よく文章の問題をチェックするには，いろいろな読み方を組み合わせるとよい．たとえば，普通に前から読む，段落の第一文だけ読む，後ろから読む，などである．普通に前から読んでばかりだと，特に最後の方のチェックが甘くなりがちである．

　とはいえ，実験レポートや卒業論文では，締め切りに遅れないことが完璧を期すことよりも大事である．また，文章の間違いや気にいらないところを直し続けても，直す数は徐々に減るものの，なかなかゼロにはならない．大きな間違いを修正した後で，細かい修正が続く段階になったら，どこかで思い切りも必要だ．

第18章 チェック・リスト

　実験レポートや卒業論文を仕上げるには，これまで述べたように多くの気をつけるべき点がある．あまりに多いので，なかなか覚えきれないだろう．そこでこの章では，これまで述べて来たポイントを，レポートと論文に固有な形式と内容，文章の書き方，そして図表，と3つに分けてチェック・リストとして示そう．

18.1 形式と内容のチェック・リスト

　このリストでは，実験レポートあるいは（卒業）論文に固有なチェック項目は，項目の最後に（レポート）あるいは（論文）と書いている．

タイトルなど
- ☐ 授業名が書かれている．（レポート）
- ☐ 課題名あるいは論文タイトルが書かれている．
- ☐ 論文タイトルは，目的または主要な結果を表している．（論文）
- ☐ 著者の氏名，学生番号，所属が書かれている．

要旨
- ☐ 何を行ったかを示している．
- ☐ どういう結果が得られたかを，具体的に示している．
- ☐ 本文を読まなくても，要旨それ自身で理解できるように書いてある．

はじめに
- ☐ 一般にそのテーマが重要であることを，理由を示して述べている．（論文，未知探求実験）
- ☐ なぜその実験を行うのか(たとえば動機など)が説明されている．

(未知探求実験)
- [ ] 従来の研究で不十分な点を具体的に述べている．（論文）
- [ ] 実験・研究の目的が書かれている．
- [ ] 何を行うか（実験・研究内容）の概要が書かれている．

実験原理（レポート）
- [ ] 原理について知らない者が理解できるように書かれている．
- [ ] 原理にもとづき，何を計測すると何がわかるのかが書かれている．

方法
- [ ] 実験内容を，第三者が再現できるように書かれている．

結果
- [ ] 結果の羅列ではなく，ストーリーを語っている．
- [ ] 重要な結果をなるべく前方に置いている．
- [ ] 重要な結果に多くのスペースを割いている．
- [ ] 事実の記述というスタイルをできるだけまもっている．
- [ ] 考察的な内容を書く場合には，短く書いている．

考察
- [ ] 自分の研究の意義を，より広い範囲の学問に対して位置づけている．（論文）
- [ ] 研究した者ならではの意見を述べている．（論文）
- [ ] 最後はできるだけ結論で締めくくっている．

引用・参考文献
- [ ] 本文中で引用されている文献は，すべて最後の引用文献リストに示している．（論文）
- [ ] 最後の引用文献リストに示している文献は，すべて本文中で引用されている．（論文）
- [ ] 引用文献リストまたは参考文献リストのフォーマットは，指定がある場合は，それをまもっている．指定がない場合には，論文内で統一されている．

18.2 文章のチェック・リスト

トピック・センテンス

- ☐ 各段落のトピック・センテンスだけをひろい読みして，文章の流れがわかる．
- ☐ 段落の第一文が，トピック・センテンスとして機能する文，すなわち要約文か引き出し文のどちらかになっている．
- ☐ トピック・センテンスが与える予想に対して，段落の記述が不足していない．
- ☐ トピック・センテンスが与える予想に対して，段落の文がはみ出していない．

並列性

- ☐ 節の題名は並列性がまもられている．
- ☐ 段落内の文で可能なものは，できるだけ並列的に書かれている．
- ☐ 並列的な内容は，並列的な形式で書かれている．
- ☐ 並列的な形式で書かれているのは，内容の点でも並列的である．
- ☐ 「...と...」の前後で並列性がまもられている．

文

- ☐ 浮いている文がない．すなわち，道しるべの語と未知から既知への流れによって，すべての文が他の文と関係づけられている．
- ☐ 主語と述語がすべての文にある．ただし，「私・我々」の省略と図表のタイトル文を除く．
- ☐ 主語と述語がちぐはぐになっていない．
- ☐ カッコの中に主語述語を備えた文が入っていない．
- ☐ かたい表現を使っており，口語的表現は使用していない．
- ☐ 読者にとって新情報はそれに対応した形式で書き，既知情報であるかのようには書いていない．
- ☐ 比較されるもの同士が，きちんと対応している．
- ☐ 修飾語は著者の意図を誤解されないよう適切に使われている．

18.3 図表のチェック・リスト

図

- ☐ 図の番号は，本文に出現する順序どおりについている．
- ☐ 同じ種類の色塗り・等高線図は，同じ数値に対して同じ色・等高線の種類が使われている．
- ☐ 赤線や太実線が重要なデータに使われている．
- ☐ 図の縦軸・横軸が何かを図中に明記している．
- ☐ 図の説明文が，図の下につけられている．

表

- ☐ 表の番号は，本文に出現する順序どおりである．
- ☐ 表の説明文が，表の上につけられている．
- ☐ 罫線を不要に多く入れていない

共通

- ☐ 図表の説明文の第1文は述語のない表題文になっている．
- ☐ 図表の説明文の第2文以降には，各々の文に述語がある．
- ☐ 一つの図表の説明文は1段落になっている．
- ☐ 図表とその説明文を読めば，本文を読まなくとも，それぞれの図表が何をどう示しているのかを理解できる．
- ☐ 図に示しているのと同じ情報を，表に重複して示してはいない．
- ☐ 図表説明の3段階，つまり縦軸・横軸を含めた図の内容，主な特徴，注目する特徴とその意味，がもれなく書かれている．

あとがき

　この本の内容は，ホームページに示している，「レポート・卒論の書き方初級編」「論文の書き方中級編」が元になっている．それらを書いた一番の目的は，自分が指導する学生に読んでもらって，その論文指導で私が楽をしようというものだった．幸い，指導する学生はともかく，他の研究室出身の何人かの研究者からも好評で，いくつかのウェブ・サイトでも紹介していただいた．

　その Web に書いた文書を充実させて本にすることを提案していただいたのは，講談社サイエンティフィクの中林 仁美氏である．また，本に仕上げる段階で担当いただいた同社の三浦 洋一郎氏には，原稿の不十分な点を的確に指摘いただくとともに，しばしば作業が遅れた筆者に対して辛抱強く対応いただいた．また本書は初版の間にも，変化の早いインターネット関係の内容については修正を重ねてきた．そのため，三浦氏には通常よりも手間がかかっていたのではないかと思う．両氏には，心から厚く御礼を申し上げたい．エルゼビア・ジャパン社の柿田佳子氏には，Scopus についてお教えいただき，大変感謝している．また私がこれまで指導してきた学生たちにも，ありがとうといいたい．彼らの実験レポート・卒業研究論文・修士論文があるからこそ，何をどう書くべきかに毎年毎年向き合って，文章にもまとめることができた．

　この本が，皆さんの学業の，あるいは仕事の文章書きの助けとなり，簡潔明快な文章をやがて楽々と書ける基礎となれば，それ以上の幸せはない．そういう文章修行を続けるためには，本書だけでなく，他の文章執筆の書き方の本ももちろん有用である．私がこれまで読んで特によいと思った文章の書き方の本を簡単な説明とともに参考文献にまとめる．それらの本とともに，本書が皆さんの長い文章書き人生の助けになれば幸いである．

　平成 28 年 1 月

見延庄士郎

参考文献

　私が目を通した理系文章や論文書きの本の中で，特によいと思ったものを以下にあげる．さらなる文章執筆修行の参考になるだろう．

○木下　是雄，1981：理科系の作文技術，中央公論社，p. 224.
　　　　理系論文執筆の草分け的な本．内容は四半世紀たった今日でも色褪せない．ただし例文が難しい．
○倉島　保美，1999：書く技術・伝える技術，あさ出版，p. 182.
　　　　下の「コミュニケーション技術」と共通する内容を解説しているが，こちらの方がわかりやすくまた見やすくまとめてある．もっとも新書ではないので価格はこちらの方が高い．
○酒井　聡樹，2002：これから論文を書く若者のために，共立出版，p. 232.
　　　　投稿論文を書くことに焦点を絞り，どう論文を書くかを解説した本．内容もさることながら著者の熱意とその工夫がすばらしい．
○篠田　義明，1986：コミュニケーション技術―実用的文章の書き方，中公新書，p. 182.
　　　　論理的な説明とはどうあるべきかを解説した本．私はこの本ではじめてトピック・センテンスを学び，目からうろこが落ちた．中身は今でも決して古くない．ただし説明がやや難しい．
○ジョン・スウェイルズ，クリスティン・フィーク，1998：効果的な英語論文を書く―その内容と表現，大修館書店，p. 143.
　　　　投稿論文を英語で書く人向け．論文の各節でどういう内容を書くべきかの戦略の解説は勉強になった．特に，考察的な内容と結果に書く内容には，多くの論文執筆の本でいわれているように厳密な区分けはない，というのは我が意を得たりであった．実際自分が書く長い論文ではそうせざるを得ないので．
○戸田山　和久，2002：論文の教室，日本放送出版協会，p. 297.
　　　　文系向きだが，やわらかい書きぶりでしっかり説明しているところはすごい．個人的には，文系と理系の論理の違いが面白かった．文系は主張するために論を立てる．理系は，新しい証拠を得て，論がだれもが納得する形で立つ，というのが理想かな．

○バーバラ ミント，1999：考える技術・書く技術―問題解決力を伸ばすピラミッド原則，ダイヤモンド社，p. 289.

　　　モレとダブリのない論理を丁寧に説明している．ただしレポートや論文の書き方の本ではなく，ビジネス書である．

索引

あ行

一般から個別へ　18, 24
インターネット　116, 120
インパクト・ファクター　127
引用　20, 125
引用回数　127
引用文献　25
ウィキペディア　120
Web of Science　125
英字　30
SI 基本単位　33
SI 接頭語　32
SI 単位系　31
x 軸ラベル　48
エラーバー付線グラフ　43
円グラフ　44
大文字　32

か行

学生実験　2
かたい表現　94
カラー・バー　49
漢字　94
感想　10
カンニング　117
技能習得実験　2
基本単位　31
行間　30
Google　122
Google Scholar　125
句点　90
組立単位　31, 33
罫線　39
結果　7, 24, 71
研究方法　70
口語的表現　94
考察　9, 24, 72
合成単位記号　32
後方一致検索　129
国語辞典　120
国際単位系　31
コピペ　116
個別から一般へ　18, 24
小文字　32

さ行

再現　7
査読　125
サブテーマ　28
参考文献　10, 25
指示語・指示代名詞　85
事実がもつ意味　7
実験原理　6
実験方法　6
実験レポート　2
実行型卒業論文　12
絞り込み　130

斜体（イタリック）　31
修飾語句　110
重点先行　101
重文　99
主語　90
主題文　61
述語　90
受動態　108
省略形　30
図　38, 42
数値ラベル　49
Scopus　125
図の説明文　9, 48
図のタイトル　48
図表　37
図表の説明文　50
節構成　3
接続詞　96
接続助詞「が,」　97
接頭語　34
線グラフ　41, 42
前方一致検索　129
総ざらい列挙　76
装置図　45
卒業研究　12
卒業論文　12

た行

タイトル文　51
題目　13
単位　31
段落　65
チェック・リスト　158

知のネットワーク　28
直線的なストーリー　148
直立　31
追試　20
積み重ね棒グラフ　44
「である」体　92
「です・ます」体　93
体裁　30
テクニカル・ライティング　xii
デジタル識別子　11
等高線グラフ　41
等高線図　44
読点　99
盗用　116
独立変数　41
トップ・ヘビー　101
トピック・センテンス　64

な・は行

塗りつぶし図　44
能動態　108
はじめに　5, 16
パネル　50
半角スペース　35
引き出し文　65
非省略形　30
表　38, 39
表の説明文　9
頻度分布　43
フォント　30
複文　99
フレーズ検索　122
フローチャート　45, 47

文献引用データベース　125
文献リスト　25
文体　92
並列性　62, 75
棒グラフ　43
方法　20

ま行

道しるべ　62, 80
未知探求実験　2
無生物主語　108
面積グラフ　43
目的　5
模式図　45

や行

用語検索　120
要旨　4, 15
要約文　65
余白　30

ら・わ行

略号　30
レーダー・チャート　41
レビュー型卒業論文　12, 27
論点メモ　146
論文検索システム　125
論理の飛躍　84
y軸ラベル　48

著者紹介

見延 庄士郎（みのべ しょうしろう）
　1985年　北海道大学理学部地球物理学科卒業
　現在　北海道大学大学院理学院自然史科学専攻教授〔博士（理学）〕
　専門　大気と海洋における長期変動と相互作用

NDC 507　186p　21cm

新版（しんぱん）理系のためのレポート・論文完全ナビ（りけいのためのレポート・ろんぶんかんぜんナビ）

2016年2月10日　第 1 刷発行
2023年2月21日　第14刷発行

著　者	見延庄士郎（みのべしょうしろう）
発行者	髙橋明男
発行所	株式会社　講談社

　〒112-8001　東京都文京区音羽2-12-21
　　　販売　(03)5395-4415
　　　業務　(03)5395-3615

編　集	株式会社　講談社サイエンティフィク
	代表　堀越俊一

　〒162-0825　東京都新宿区神楽坂2-14　ノービィビル
　　　編集　(03)3235-3701

本文データ制作 印刷・製本	株式会社KPSプロダクツ

落丁本・乱丁本は、購入書店名を明記のうえ、講談社業務宛にお送り下さい。送料小社負担にてお取替えします。なお、この本の内容についてのお問い合わせは講談社サイエンティフィク宛にお願いいたします。定価はカバーに表示してあります。

Ⓒ Shoshiro Minobe, 2016

本書のコピー、スキャン、デジタル化等の無断複製は著作権法上での例外を除き禁じられています。本書を代行業者等の第三者に依頼してスキャンやデジタル化することはたとえ個人や家庭内の利用でも著作権法違反です。

JCOPY　〈(社)出版者著作権管理機構　委託出版物〉
本書の無断複写は著作権法上での例外を除き禁じられています。複写される場合は、その都度事前に(社)出版者著作権管理機構（電話03-5244-5088、FAX 03-5244-5089、e-mail:info@jcopy.or.jp）の許諾を得て下さい。

Printed in Japan

ISBN 978-4-06-153158-1

講談社の自然科学書

英語論文ライティング教本	中山裕木子／著	税込 3,850円
化学版 これを英語で言えますか？	齋藤勝裕・増田秀樹／著	税込 2,090円
超ひも理論をパパに習ってみた	橋本幸士／著	税込 1,650円
ESPにもとづく工業技術英語	野口ジュディー・深山晶子／監修	税込 2,090円
学振申請書の書き方とコツ 改訂第2版	大上雅史／著	税込 2,750円
できる研究者の論文生産術	ポールJ.シルヴィア／著 高橋さきの／訳	税込 1,980円
できる研究者の論文作成メソッド	ポールJ.シルヴィア／著 高橋さきの／訳	税込 2,200円
できる研究者のプレゼン術	J.シュワビッシュ／著 小川浩一／訳	税込 2,970円
できる研究者になるための留学術	是永淳／著	税込 2,420円
PowerPointによる理系学生・研究者のためのビジュアルデザイン入門	田中佐代子／著	税込 2,420円
休み時間の免疫学 第3版	齋藤紀先／著	税込 2,200円
休み時間の生化学	大西正健／著	税込 2,420円
はじめての統計15講	小寺平治／著	税込 2,200円
これからはじめる人のためのバイオ実験基本ガイド	武村政春ほか／著	税込 2,970円
絵でわかるシリーズ		
絵でわかる樹木の知識	堀大才／著	税込 2,420円
新版 絵でわかるゲノム・遺伝子・DNA	中込弥男／著	税込 2,200円
絵でわかる宇宙開発の技術	藤井孝藏・並木道義／著	税込 2,420円
絵でわかるプレートテクトニクス	是永淳／著	税込 2,420円
絵でわかる動物の行動と心理	小林朋道／著	税込 2,420円
絵でわかる漢方医学	入江祥史／著	税込 2,420円
絵でわかるネットワーク	岡嶋裕史／著	税込 2,420円
絵でわかる感染症 with もやしもん	岩田健太郎／著 石川雅之／絵	税込 2,420円
絵でわかるカンブリア爆発	更科功／著	税込 2,420円
絵でわかる進化のしくみ	山田俊弘／著	税込 2,530円
絵でわかる日本列島の誕生	堤之恭／著	税込 2,420円
絵でわかる地図と測量	中川雅史／著	税込 2,420円
絵でわかる樹木の育て方	堀大才／著	税込 2,530円
絵でわかる麴のひみつ	小泉武夫／著 おのみさ／絵・レシピ	税込 2,420円
絵でわかる生物多様性	鷲谷いづみ／著 後藤章／絵	税込 2,420円

講談社サイエンティフィク　https://www.kspub.co.jp/　「2022年12月現在」